湖北木林子国家级自然保护区常见大型真菌图鉴

陈绍林　曾　恒　主编

·成都·

图书在版编目（CIP）数据

湖北木林子国家级自然保护区常见大型真菌图鉴/陈绍林，曾恒主编. —成都：电子科技大学出版社，2024.1

ISBN 978-7-5770-0705-2

I. ①湖… II. ①陈… ②曾… III. ①自然保护区-大型真菌-湖北-图集 IV. ①Q949.320.8-64

中国国家版本馆CIP数据核字（2023）第223639号

湖北木林子国家级自然保护区常见大型真菌图鉴
HUBEI MULINZI GUOJIAJI ZIRAN BAOHUQU CHANGJIAN DAXING ZHENJUN TUJIAN
陈绍林 曾 恒 主编

策划编辑 李 倩
责任编辑 李雨纾
责任校对 李述娜
责任印刷 梁 硕

出版发行 电子科技大学出版社
成都市一环路东一段159号电子信息产业大厦九楼 邮编 610051
主 页 www.uestcp.com.cn
服务电话 028-83203399
邮购电话 028-83201495

印 刷 武汉佳艺彩印包装有限公司
成品尺寸 185mm×260mm
印 张 11.5
字 数 140千字
版 次 2024年1月第1版
印 次 2024年1月第1次印刷
书 号 ISBN 978-7-5770-0705-2
定 价 198.00 元

《湖北木林子国家级自然保护区常见大型真菌图鉴》

编委会

主　编

陈绍林　曾　恒

副主编

谭　苗　张　倩

编　委

刘松柏　田八树　王　梦　胡宇航　杨春宝　向江坤

陈俊韬　杨　刚　韩　巍　胡成云　郭　琼　易宗慧

朱　丹　邵　勇　万松胜　顿春垚　李双龙　吴代坤

前　言

真菌是一类具有真正细胞核和细胞壁、产生孢子、不含叶绿素，以寄生或腐生等方式吸取营养的异养生物。真菌区别于动物、植物和其他真核生物，自成一界。目前世界上已经发现了 12 万余种真菌，而这些真菌，估计只占所有真菌种类的一小半。真菌的细胞中含有甲壳素，能通过无性繁殖和有性繁殖的方式产生孢子，其繁殖方式与动植物大相径庭。大型真菌一般指肉眼可见、手可采摘的真菌，外观上与植物有一定的相似性，在瑞典博物学家林奈 1753 年提出的两界分类系统中，一度将其归类为菌类植物。随着技术的发展与观察手段的更新,人们逐渐发现真菌是由菌丝构成的,没有根茎叶的分化,没有叶绿素，也不能自养，只能以寄生和腐生的方式存活。大型真菌以担子菌门为主，也有部分子囊菌，其形状、颜色、大小等变化多端，与人类的生产、生活息息相关，既包括具有食用价值的香菇、木耳、平菇等食用菌，也包括在医药上常见的冬虫夏草、蝉花等药用真菌，还有令人闻之色变的裂皮鹅膏、毒蝇鹅膏等毒蘑菇。

中国野生真菌资源丰富，分布种类约占世界已知真菌种类的 1/7。我国对野生大型真菌的研究由来已久，相关研究主要集中在分类学、引种驯化、资源开发等领域。大型真菌资源调查是其他科研活动的基础，贯穿在大型真菌调查中的真菌种类鉴定异常重要。目前，对于大型真菌的鉴定已逐渐发展为两个技术方向，其中形态学鉴定是真菌鉴定最传统、最基本的环节，其主要依据为真菌菌盖、菌柄、菌环、菌托、菌肉、菌褶或菌管的特征，以及孢子印颜色和形态、孢子形态、担子形态、担子梗数量、囊状体形态和大小、菌丝形态等。通过分子生物学手段鉴定，是近年来兴起并逐渐趋于成熟的、更为准确的鉴定方法。目前，分子生物学鉴定技术主要有 DNA 中（G+C）含量测定、核酸杂交技术、限制性酶切片段长度多态性分析、电泳核型（EK）分析、随机扩增多态性 DNA 分析（RAPD）、rDNA 序列分析、多位点酶切电泳（MEE）等。

我国对自然保护区的大型真菌研究较多，20 世纪 80 年代便有大量自然保护区野生大型真菌的研究论文见诸报端，其方向以真菌生物多样性研究为主。目前，位于我国中亚热带武陵山脉西北的后河国家级自然保护区、地处武陵山区腹地的梵净山国家级自然保护区、毗邻湖北的重庆大巴山自然保护区等各类保护区均已开展或正在开展野生大型真菌的调查与研究。

湖北木林子国家级自然保护区位于神奇的北纬 30° 附近，生物资源十分丰富，以增强对自然保护区内生物资源分布状况的掌握、科学制定保护策略、为科学研究和科学普及提供准确参考为目标，自然保护区管理局开展了大型真菌调查工作。结合前期汉江师范学院、湖南师范大学、恩施州林业科学研究院等高校和科研院所在对保护区的野生菌调查的基础，随着野外采集和分类鉴定的进行，湖北木林子国家级自然保护区丰富多彩的大型真菌世界进入大众视野。

本书由前言，阅读说明，目录，概述（含生境概况、调查方法、多样性分析等），担子菌和子囊菌（大型真菌描述及彩色照片），参考文献，大型高等真菌检索，拉丁学名索引和中文名索引等内容构成。概述、担子菌和子囊菌是本书的主体部分，担子菌和子囊菌的相关章节中针对不同物种的描述展示了一至多幅彩色照片，中文名称、拉丁名称和生态习性与主要宏观与微观形态特征、经济用途等。

为了将相关研究成果更好地应用于保护区管理和科学研究，湖北木林子国家级自然保护区管理局将相关资料汇编出版，以飨读者。在资源调查和成书过程中，承蒙诸位专家学者的指导，编者由衷感谢。由于专业水平所限，书中错漏在所难免，请读者不吝赐教。

编　者

2023 年 10 月

阅读说明

查阅方法

为方便读者对特定大型真菌进行查阅，本书提供了三种查阅方法供读者使用。

1. 通过拉丁学名索引查阅。本书后附的拉丁学名索引按照真菌拉丁学名字母顺序排列，当读者已知所需查找真菌种类的拉丁名时，可通过该索引查找该种类在书中的具体页码，从而获得该物种的信息。

2. 通过中文名索引查阅。本书后附的中文名索引按照真菌中文名拼音顺序排列，当读者已知所需查找真菌种类的中文名时，可通过中文名索引查找该种类在书中的具体页码，从而获得该物种的信息。

3. 通过目录查阅。本书中野生大型真菌排列已按照主要类群（担子菌门和子囊菌门）进行了分类，当读者已知某种真菌所属类目时，可通过目录查找其具体页码，从而获得所需的完整信息。

学名规范

书中拉丁学名的规范主要依据 *Ainsworth & Bisby's Dictionary of the Fungi 10th Edition*（《菌物字典》）、《国际藻类、菌物和植物命名法规（深圳法规）》，并多方查对 *Index Fungorum*（真菌索引）、学名最早出处的文献资料、相关的学名考证文章及最新发表的菌物分类学文献资料。

菌物大小

为方便排版和阅读，本书中所有大型真菌图片均按实际大小以一定比例进行缩小或放大，在阅读时应以文字描述的尺寸为准。

经济用途

本书对各种大型真菌的已知的经济用途均进行了描述，对食用性、药用性、食药兼用、木腐类真菌进行了标注。

目　录

概述 ……1

第一节　木林子大型真菌生境概况 ……1

第二节　大型真菌研究方法 ……4

第三节　湖北木林子国家级自然保护区大型真菌物种组成及多样性 ……14

第四节　湖北木林子国家级自然保护区大型真菌物种资源评价 ……19

担子菌 ……24

1. 球基蘑菇 *Agaricus abruptibulbus* Peck ……24
2. 假紫红蘑菇 *Agaricus parasubrutilescens* Callac & R. L. Zhao ……25
3. 田头菇属中的一种 *Agrocybe cf. putaminum* (Maire) Singer ……26
4. 硬田头菇 *Agrocybe dura Sensu* NCL ……27
5. 鹅膏属中的一种 *Amanita chiui* Y. Y. Cui, Q. Cai & Zhu L. Yang ……28
6. 粉色鹅膏 *Amanita fense* M. Mu & L. P. Tang ……29
7. 长条棱鹅膏 *Amanita longistriata* S. Imai ……30
8. 淡环鹅膏 *Amanita pallidozonata* Y. Y. Cui, Q. Cai & Zhu L. Yang ……31
9. 高大鹅膏 *Amanita princeps* Corner & Bas ……32
10. 暗盖淡鳞鹅膏 *Amanita sepiacea* S. Imai ……33
11. 锥鳞白鹅膏 *Amanita virginioides* Bas ……34
12. 苞脚鹅膏 *Amanita volvata* (Perk) Martin ……35
13. 环纹鹅膏 *Amanita zonata* Y. Y. Cui, Q. Cai & Zhu L. Yang ……36
14. 粒表金牛肝菌 *Aureoboletus roxanae* (Frost) Klofac ……37
15. 毛黑木耳 *Auricularia nigricans* (Sw.) Birkebak, Looney & Sánchez-García ……38
16. 东方耳匙菌 *Auriscalpium orientale* P. M. Wang & Zhu L. Yang ……39
17. 烟管菌 *Bjerkandera adusta* (Wild.) P. Karst ……40

18. 双色牛肝菌 *Boletus bicolor* Raddi (Kuntze) G. Wu, Halling & Zhu L. Yang, in Wu ······41
19. 血红绒牛肝菌 *Boletus flammans* E.A. Dick & Snell ······42
20. 头状秃马勃 *Calvatia craniiformis* (Schwein.) Fr ······43
21. 锐棘秃马勃 *Calvatia holothurioides* Rebriev ······44
22. 黄盖小脆柄菇 *Candolleomyces candolleanus* (Fr.) D. Wächt. & A. Melzer ······45
23. 反卷拟蜡孔菌 *Ceriporiopsis semisupina* C. L. Zhao, B. K. Cui & Y. C. Dai ······46
24. 绿盖裘氏牛肝菌 *Chiua virens* (W. F. Chiu) Yan C. Li & Zhu L. Yang ······47
25. 鸡油菌属中的一种 *Cantharellus applanatus* D. Kumari, Ram. Upadhyay & Mod. S. Reddy ······48
26. 血红铆钉菇 *Chroogomphus rutilus* (Schaeff.) O. K. Mill ······49
27. 梭形拟锁瑚菌 *Clavulinopsis fusiformis* (Sowerby) Corner ······50
28. 多色杯伞 *Clitocybe subditopoda* Peck ······51
29. 锥盖伞属中的一种 *Conocybe leptospora* Zschiesch ······52
30. 兰氏拟鬼伞 *Coprinopsis laanii* (Kits van Wav.) Redhead, Vilgalys & Moncalvo ······53
31. 丝膜菌属中的一种 *Cortinarius subrufus* San-Fabian, Niskanen & Liimat. ······54
32. 铜色牛肝菌 *Cupreoboletus poikilochromus* (Pöder, Cetto & Zuccher) Simonini, Gelardi & Vizzini ······55
33. 任氏黑蛋巢菌 *Cyathus renweii* T. X. Zhou et R. L. Zhao ······56
34. 粗糙拟迷孔菌 *Daedaleopsis confragosa* (Bort. :Fr.)Schroet ······57
35. 粪生黄囊菇 *Deconica merdaria* (Fr.) Noordel. ······58
36. 粉褶菌属中的一种 *Entoloma gregarium* Xiao L. He & E. Horak ······59
37. 默里粉褶蕈 *Entoloma murrayi* (Berk. & M. A. Curtis) Sacc. & P. Syd. ······60
38. 小菇状粉褶蕈 *Entoloma mycenoides* (Hongo) Hongo ······61
39. 日本粉褶蕈 *Entoloma nipponicum* T. Kasuya, Nabe, Noordel. & Dima ······62
40. 方形粉褶蕈 *Entoloma quadratum* (Berk. & M. A. Curtis)E. Horak ······63

41. 粉褶蕈属中的一种 *Entoloma yanacolor* Barili, C. W. Barnes & Ordonez ···64
42. 肿黄皮菌 *Fulvoderma scaurum* (Lloyd) L. W. Zhou & Y. C. Dai ················65
43. 赤芝 *Ganoderma lucidum* (Curtis) P. Karst ··66
44. 绒皮地星 *Geastrum velutinum* Morgan ··67
45. 深褐褶菌 *Gloeophyllum sepiarium* (Wulfen) P. Karst ··································68
46. 金黄裸柄伞 *Gymnopus aquosus* (Bull.) Antonín & Noordel. ························69
47. 栎裸角菇 *Gymnopus dryophilus* (Bull.) Murrill ···70
48. 臭味裸柄伞 *Gymnopus dysodes* (Halling) Halling ·······································71
49. 鸟巢裸柄伞 *Gymnopus nidus-avis* César, Bandala & Montoya ·····················72
50. 近裸脚伞 *Gymnopus subnudus* (Ellis ex Peck) Halling ·······························73
51. 铅色短孢牛肝菌 *Gyrodon lividus* (Bull. : Fr.) Sacc ······························74
52. 褐圆孔牛肝菌 *Gyroporus castaneus* (Bull.) Quél ··75
53. 湿伞属中的一种 *Hygrocybe rubroconica* C. Q. Wang & T. H. Li ·············76
54. 二孢拟奥德蘑 *Hymenopellis raphanipes* (Berk.) R. H. Petersen ················77
55. 簇生垂幕菇 *Hypholoma fasciculare* (Huds.) P. Kumm. ·································78
56. 丝盖伞属中的一种 *Inocybe immigrans* Malloch ··79
57. 翘鳞蛋黄丝盖伞 *Inocybe squarrosolutea* (CornerE. Horak) Garrido ··········80
58. 荫生丝盖伞 *Inocybe umbratica* Qul Quél. ··81
59. 锦带花纤孔菌 *Inonotus weigelae* T. Hatt. & Sheng H. Wu ····························82
60. 歧盖伞属中的一种 *Inosperma bongardii* (Weinm.) Matheny
& Esteve-Rav. ··83
61. 泪褶毡毛脆柄菇 *Lacrymaria lacrymabunda* (Bull.) Pat. ······························84
62. 东亚乳菇 *Lactarius asiae-orientalis* X. H. Wang ··85
63. 欧姆斯乳菇 *Lactarius oomsisiensis* Verbeken & Halling ·····························86
64. 乳菇属中的一种 *Lactarius parallelus* H. Lee, Wisitr. & Y. W. Lim ··········87
65. 近大西洋乳菇 *Lactarius subatlanticus* X. H. Wang ····································88
66. 鲜艳乳菇 *Lactarius vividus* X. H. Wang, Nuytinck & Verbeken ··················89
67. 多汁乳菇 *Lactfiluus volemus* (Fr.) Kuntze ···90
68. 粉绿多汁乳菇 *Lactifluus glaucescens* Crossl Verbeken ·······························91
69. 多汁乳菇属中的一种 *Lactifluus luteolamellatus* H. Lee & Y. W. Lim ·····92

70. 长绒多汁乳菇 *Lactifluus pilosus* (Verbeken, H. T. Le & Lumyong) Verbeken ······93
71. 香菇 *Lentinula edodes* (Berk.) Pegler ······94
72. 黑皮环柄菇 *Lepiota fuliginescens* Murrill ······95
73. 网纹马勃 *Lycoperdon perlatum* Pers ······96
74. 大囊小皮伞 *Marasmius macrocystidiosus* Kiyashko & E. F. Malysheva ····97
75. 近缘小孔菌 *Microporus affinis* (Blume & T. Nees) Kuntze ······98
76. 竹林蛇头菌 *Mutinus bambusinus* sensu Cooke ······99
77. 血红小菇 *Mycena haematopus* (Pers.) P. Kumm. ······100
78. 叶生小菇 *Mycena metata* sensu Rea ······101
79. 实心鸟巢菌 *Nidularia deformis* (Willd.) Fr. ······102
80. 金盖鳞伞 *Phaeolepiota aurea* (Bull.) R. Maire ex Konrad & Maubl. ······103
81. 黄脉鬼笔 *Phallus flavocostatus* Kreisel ······104
82. 多环鳞伞 *Pholiota multicingulata* E. Horak ······105
83. 斑盖褶孔牛肝菌 *Phylloporus maculatus* N.K. Zeng, Zhu L. Yang & L. P. Tang······106
84. 云南褶孔牛肝菌 *Phylloporus yunnanensis* N. K. Zeng, Zhu L. Yang & L. P. Tang ······107
85. 黄褐黑斑根孔菌 *Picipes badius* (Pers.) Zmitr. & Kovalenko ······108
86. 肺形侧耳 *Pleurotus pulmonarius* (Fr.) Qul Quél ······109
87. 波扎里光柄菇 *Pluteus pouzarianus* Singer ······110
88. 多变光柄菇 *Pluteus varius* E. F. Malysheva, O. V. Morozova & A. V. Alexandrova ······111
89. 亮褐柄杯菌 *Podoscypha fulvonitens* (Berk.) D. A. Reid ······112
90. 莽山多孔菌 *Polyporus mangshanensis* B. K. Cui, J. L. Zhou & Y. C. Dai ···113
91. 绒毛波斯特孔菌 *Postia hirsuta* L. L. Shen & B. K. Cui ······114
92. 塞布尔原块菌 *Protubera sabulonensis* Malloch ······115
93. 小脆柄菇属中的一种 *Psathyrella abieticola* A. H. Sm. ······116
94. 褐黄小脆柄菇 *Psathyrella subnuda* (P. Karst.) A. H. Sm. ······117
95. 细顶枝瑚菌 *Ramaria gracilis* (Pers.) Quél ······118

96. 乳酪状红金钱菌 *Rhodocollybia butyracea* (Bull.) Lennox ······119
97. 橙黄红菇 *Russula aurantioflava* Kiran & Khalid ······120
98. 伯氏红菇 *Russula burlinghamiae* Singer ······121
99. 蜡质红菇 *Russula cerea* (Soehner) J. M. Vidal ······122
100. 裘氏红菇 *Russula chiui* G. J. Li & H. A. Wen ······123
101. 赤黄红菇 *Russula compacta* Frost ······124
102. 奶油色红菇 *Russula cremicolor* G. J. Li & C. Y. Deng ······125
103. 花盖红菇 *Russula cyanoxantha* (Schaeff.) Fr. ······126
104. 密褶红菇 *Russula densifolia* Secr. ex Gillet ······127
105. 毒红菇 *Russula emetica* (Schaeff.) Pers. ······128
106. 拉汗帕利红菇 *Russula lakhanpalii* A. Ghosh, K. Das & R. P. Bhatt ······129
107. 拟臭黄菇 *Russula laurocerasi* Melzer ······130
108. 稀褶黑菇 *Russula nigricans* (Bull.) Fr. ······131
109. 斑柄红菇 *Russula punctipes* Sing ······132
110. 罗梅尔红菇 *Russula romellii* Maire ······133
111. 红色红菇 *Russula rosea* Pers. ······134
112. 红白红菇 *Russula rubroalba* (Singer) Romagn. ······135
113. 亚臭红菇 *Russula subfoetens* W. G. Sm. ······136
114. 近浅赭红菇 *Russula subpallidirosea* J. B. Zhang & L. H. Qiu ······137
115. 亚硫磺红菇 *Russula subsulphurea* Murrill ······138
116. 微紫柄红菇 *Russula violeipes* Quel ······139
117. 裂褶菌 *Schizophyllum commune* Fr. ······140
118. 大孢硬皮马勃 *Scleroderma bovista* Fr. ······141
119. 微茸松塔牛肝菌 *Strobilomyces subnudus* J. Z. Ying ······142
120. 酒红球盖菇 *Stropharia rugosoannulata* Farl. ex Murrill ······143
121. 褐环乳牛肝菌 *Suillus luteus* (L.) Roussel ······144
122. 毛栓孔菌 *Trametes hirsuta* (Wulfen) Lloyd ······145
123. 血红栓孔菌 *Trametes sanguinea* (Klotzsch) Pat. ······146
124. 漆柄小孔菌 *Trametes vernicipes* (Berk.) Zmitr. , Wasser & Ezhov ······147
125. 云芝栓孔菌 *Trametes versicolor* (L.) Lloyd ······148

126. 油黄口蘑 *Tricholoma flavovirens* (Pers.) S. Lundell ······ 149
127. 赭红拟口蘑 *Tricholomopsis rutilans* (Schaeff.) Singer ······ 150
128. 鳞皮假脐菇 *Tubaria furfuracea* (Pers.) Gillet ······ 151
129. 薄皮干酪菌 *Tyromyces chioneus* (Fr.) P. Karst. ······ 152

子囊菌 ······ 153

130. 黄瘤孢菌 *Hypomyces chrysospermus* (Bull) Tul. & C. Tul. ······ 153
131. 蝉棒束孢 *Isaria cicadae* Miq. ······ 154
132. 巨孢小口盘菌 *Microstoma macrosporum* (Y. Otani) Y. Harada & S. Kudo ······ 155
133. 小红肉杯菌 *Sarcoscypha occidentalis* (Schwein.) Sacc. ······ 156
134. 斯氏炭角菌 *Xylaria schweinitzii* Berk. & M. A. Curtis ······ 157

参考文献 ······ 158

大型高等真菌检索 ······ 164

拉丁学名索引 ······ 165

中文名索引 ······ 168

概　述

第一节　木林子大型真菌生境概况

大型真菌的生长繁殖环境大致可分为森林生境和空旷山地及草原生境。森林是自然界最大的生态系统，是大型真菌的主要生长与繁殖场所。据统计，已知分布于森林中的大型真菌种类约占总数的 80%，湖北木林子国家级自然保护区（简称“木林子保护区”）是典型的森林生态系统，生物多样性、环境多样性均有很强代表性。

湖北木林子国家级自然保护区是于 2012 年 1 月 21 日经国务院批准的。地处武陵山余脉，位于湖北省恩施土家族苗族自治州鹤峰县北部，东经 109° 59′ 30″ ～ 110° 17′ 58″，北纬 29° 55′ 59″ ～ 30° 10′ 47″。综合面积 20 838 hm^2，其中核心区 7 634 hm^2、缓冲区 5 621 hm^2、实验区 7 583 hm^2。地势由西北东南向中间逐渐倾斜。该区属亚热带季风性湿润气候，雨热同期，时空分布不均，年降水量 1 733 mm，春秋多阴雨，夏季雨量较多，冬季雨少雾多，年平均相对湿度为 82%，无霜期 270 ～ 279 d。年平均气温为 15.5 ℃，最冷月（1 月）平均气温为 4.6 ℃，最热月（7 月）平均气温为 26 ℃。土壤类型以黄壤、黄棕壤、棕壤为主。木林子保护区始建于 1983 年，1988 年由湖北省人民政府批准为省级自然保护区，成为湖北省首批省级自然保护区之一。木林子保护区是武陵山脉北段的绿色屏障，因其特殊的地理位置及重要的生态功能，被列为中国优先

木林子保护区　牛池（田八树　摄）

保护领域和具有全球意义的生物多样性关键地区，是华中地区最为重要的生物基因库，具有重要的综合生态价值。

木林子保护区共计有维管束植物（包括蕨类植物，裸子植物和被子植物）206 科 943 属 2 797 种，其中蕨类植物 35 科 76 属 283 种、裸子植物 7 科 9 属 28 种、被子植物 164 科 848 属 2 486 种；木林子保护区共有陆生脊椎动物 302 种，其中兽类 8 目 23 科 78 种、鸟类 14 目 35 科 155 种、两栖类 2 目 7 科 24 种、爬行类 2 目 10 科 45 种；木林子保护区内生态系统类型共有暖性针叶林、常绿阔叶林、常绿落叶阔叶混交林等 35 个群系，分属于 3 个植被型组 7 个植被型；木林子保护区内野生维管束植物属于中国特有的有 27 种，共有珍稀濒危保护植物 153 种；木林子保护区内列入《中国物种红色名录》的野生动物共有 65 种，其中极危 4 种、濒危 10 种、易危 31 种、近危 20 种；木林子保护区内共有外来入侵植物 28 种。木林子保护区内国家一级保护植物有钟萼木、珙桐、红豆杉等，二级保护植物有金毛狗、金荞麦、连香树、香果树等；列入国际公约或国家保护的珍稀濒危植物有白辛树、铁杉、青钱柳等；木林了特有品种有鹤峰铁线莲、琴萬苣、疏花开口箭 3 种。

木林子保护区 牛池（覃进之 摄）

木林子保护区核心区保存有 2 000 余 hm^2 原始森林。其植被类型复杂，原生性强，垂直带谱明显。海拔 1 300 m 以下是常绿阔叶林带，镶嵌有针叶林和红豆杉群落；海拔 1 300 ～ 2 000 m 是常绿落叶阔叶混交林带，包含有珙桐、钟萼木、香果树、连香树、水青树等丰富的珍稀濒危植物以及由它们形成的复杂群系；海拔 2 000 m 以上为山顶矮曲林带。从黑湾垭至厂湾垭，连绵 8 km 的山脊一线上，发育良好的细叶青冈矮林是木林子保护区的特色植物区系，在华中地区罕见；区内的“檫木钟萼木林”和“光叶珙桐水青树林”两种群系在国内其他自然保护区尚未发现。木林子保护区内海拔1 200 m到1 800 m的沟谷中，到处分布着珙桐树，既有高大的古树，也有茁壮的幼苗，每到春季，珙桐花开，似群鸽飞翔，蔚为壮观。

木林子保护区 牛池（谭苗 摄）

丰富的生境条件为多样的野生大型真菌提供了得天独厚的生长环境，以基物和形成的菌根为依据，中国大型真菌可初步分为五种生态类型。一是木生菌，此类以木材为生长基础，又分为生于活立木和生于腐木两种；二是粪生菌，该类真菌适于在牲畜粪上或粪肥充足的沃土上生长；三是土生菌，该类是指大量以土壤和地表腐殖质为基物的种类，但不包括与树木形成外生菌根的菌种；四是虫生菌，此类是指繁殖、生长在昆虫体上或与昆虫的活动有着密切联系的真菌；五是外生菌根菌，该类为生于土壤与树木形成外生菌根，潜力极大。木林子保护区优渥的自然环境为这五类生态类型提供了相应的适生区域，使其拥有了成为大型真菌基因库的资本。

木林子保护区　矮曲林（覃进之　摄）

第二节　大型真菌研究方法

一、名词释义

（1）大型真菌（mushroom, macrofungus）：又称高等真菌，是指肉眼可见、手可采摘的一类真菌，这类真菌中能形成醒目的大型子实体，主要以担子菌中的种类居多，也有部分子囊菌种类。

（2）菌丝体（mycelium）：是由许多菌丝联结在一起组成的营养体类型。菌丝体是菌丝集合在一起构成一定的宏观结构。菌丝体是肉眼可见的。

（3）子实体（fruiting body, sporocarp, fructification）：高等真菌的产孢构造，即果实体，由已组织化了的菌丝体组成。在担子菌中又叫担子果，在子囊菌中又叫子囊果。无论是有性生殖还是无性生殖，无论结构是简单或复杂，都称其产孢结构为子实体。

（4）子实层体（hymenia）：长在菌盖下面的生子实层的部分，有的呈片状，叫作菌褶；有的呈管状，叫菌管。担孢子就产自菌褶或菌管。

（5）菌盖（pileus）：担子果、子囊果的上部或帽状结构。菌盖大小、形状、颜色、质地、有无黏液、条纹、粉粒、鳞片等表面特征，与菌柄的关系等，都是大型真菌分类的重要依据。菌盖与菌柄的关系主要指质地是否相同。

（6）菌褶（lamella）：一种类似刀片的片状结构。一些担子菌在其上产生担孢子。菌褶的疏密、有无分叉、颜色、蜡状物，与菌柄的关系等特征，都是大型真菌分类的重要依据。

（7）菌柄（stipe）：担子果或子囊果上的柄。菌柄的长短、粗细、颜色、质地，有无黏液、条纹、鳞片等附属物，均是大型真菌分类的重要依据。菌柄着生方式包括离生、弯生、直生、延生等。离生是指菌褶不与菌柄连接，两者之间有一定距离；弯生是指菌褶与菌柄连接处稍微向上弯；直生是指菌褶与菌柄直接连接，菌褶与菌柄成直角相连；延生是指菌褶沿菌柄向下延伸。

（8）菌托（volva）：一些蘑菇柄基部的杯状物，为外菌幕的残留物。菌托的有无也是大型真菌分类的重要依据。

（9）外菌幕（universal veil）：覆盖某些类型幼蘑菇的幕状膜。蘑菇膨大后，外菌幕被撕裂，其残余物在菌盖上呈鳞片状或构成菌托。

（10）内菌幕（inner veil）：覆盖在生长初期蘑菇菌褶上的菌丝膜，残留在菌柄上可形成菌环。

（11）菌环（annulus）：某些蘑菇种类菌柄上的环状物，是内菌幕的残余物。菌环的有无也是大型真菌分类的重要依据。

（12）初生（级）菌丝体：担孢子萌发产生的单核菌丝体。

（13）次生（级）菌丝体：两根初生菌丝通过细胞融合形成的双核菌丝体，在担子菌中很发达，是担子菌的主要营养菌丝。

（14）锁状联合（clamp connection）：担子菌双核菌丝细胞进行有丝分裂时出现的类似锁状结构，多发生在菌丝的顶端。

（15）菌核（sclerotium）：真菌生长到一定阶段，菌丝体不断地分化、相互纠结在一起，形成一个颜色较深而坚硬的菌丝体组织颗粒，由拟薄壁组织和疏丝组织形成的一种坚硬的休眠体。

（16）菌索（rhizomorph）：菌丝组织形成的绳状物，类似高等植物的根，又称根状菌索。菌索能抵抗不良环境，当环境转佳时，又从尖端继续生长延伸。

（17）担孢子（basidiospore）：担子菌门的有性孢子。由担子经核配、减数分裂形成的单倍体细胞。担孢子生长在担子的前端，有小梗与担子相连。成熟的担孢子由小梗弹射散出，萌发后形成初级菌丝担孢子。担孢子的颜色是担子菌分类的重要依据。

二、野外调查

野外调查方法主要参照李玉院士等专家编写的《中国大型菌物资源图鉴》中所介绍的方法。采集标本时应该尽量采集完整的、没有破损的标本（如有菌幕、菌环、菌托的标本）。每一个种类尽可能多收集不同发育阶段的标本，要保留部分个体在原生长地，以留给后人研究，同时避免对其生境造成破坏。

菌物的标本，特别是肉质的，应该放置在具有支撑作用的容器里，市售有保温隔热功能且支撑性较好的背包是理想的采集容器，要尽量减少对标本的损坏。野外采集时必须将标本用自封袋、蜡纸(报纸也可以)分别包裹，以防止不同种类孢子混淆。

野外调查一般采用手写、拍照等记录手段，记载菌物资源的地理信息、生态环境信息、自然生长状态与实时生长情况，一般需要用数码相机拍摄大型菌物子实体的生境、形态特征等，其中包括正面、侧面以及各个部位，并拍摄特殊部位的细节特征，如菌盖形状与颜色、菌环、菌管等形态特征，黏液或伤变色等。

数据记录应包括产地、生境、生态、基物等。每一份标本都要有采集标号，并应将照片编号适时进行记录，以便对应查找，编号后，对新鲜标本菌进行详细的描述性记录。记录内容一般包括子实体大小、色泽、子实体各结构的形态特征、气味和质地等方面。

三、内业鉴定

孢子印的制作往往是大型真菌内业工作的第一步，制作孢子印对鉴定种类是十分必要的。一般把子实体的子实层朝下置于洁净纸上，上面覆盖玻璃容器或其他密闭性较好的容器，放置于凉爽位置 12 h 左右。无色或者浅色孢子用黑色纸片收集，当黑色纸片不易获取时，可使用蓝色纸片，深色孢子用白色纸片收集，也可预备好黑白各半的纸卡片方便野外工作。

为保持标本的外形特征和颜色，采集后要尽快干燥，采集的标本一般应该在当晚进行干燥处理，以防材料变质。一般以洁净的纸盒盛装新鲜真菌，纸盒上要标明编号以防混淆，一般应干燥整个真菌个体，个体较大的大型伞菌则应剖成两半有助于干燥。干燥的温度以 35 ～ 40 ℃为宜，一般不超过 65 ℃。标本可以带回实验室在风热式烘干箱内干燥，在野外可使用便携式烘箱干燥。

使用放大镜或体式显微镜观察菌盖、菌褶、菌管的结构和颜色，通过显微切片观察其孢子形态，通过查阅检索表综合其宏观和微观结构特征进行鉴定。对于使用传统形态学方法难以鉴定的种类，将采用分子生物学方法进行辅助鉴定，获取真菌标本的TS序列，在NCBI数据库中进行比对，并构建系统进化树，最后结合形态学特征进行鉴定。拉丁名可参考菌物索引网站（http://www.indexfungorum.org/）来确定。

四、识别特征

根据查阅的各类资料并综合近年来最新的研究成果，结合大型真菌的外观形态特征，本书初步列出了大型真菌检索（见第164页），由于大型真菌不同物种和类群间存在类似性状，因此本检索表仅能初步确定至主要类群，实际使用时应结合其他特征进行判定。

1. 伞菌类

伞菌类的子实体肉质、伞状。具菌盖、菌柄分化，产孢组织形成菌褶（伞菌）或菌管（牛肝菌）。担子无隔，担孢子无色或有色，其形状、大小、色泽和纹饰等是分种的重要依据。

（1）白蘑（口蘑）科：子实体菌褶多白色，并产生白色的担孢子。子实体肉质，有时膜质或质韧。菌褶与菌柄连接，菌柄组织与菌盖组织一致。如菌褶与菌柄不连接（离生），菌柄组织与菌盖组织不一致，则为鹅膏菌科。

（2）侧耳科：菌柄侧生、偏生或无菌柄的一类伞菌。菌褶多白色，并产生白色的担孢子。侧耳属（*Pleurotus*）、香菇属（*Lentinus*）和革耳属均是该科的重要成员。其中，香菇属的香菇和侧耳属的多数种类都是美味的食用菌。

（3）蜡伞科：子实体菌褶厚而蜡质，手捻能感觉到蜡状物的存在；褶距远，与菌柄直生到延生。担子显著的长（比担孢子长5倍以上），产生白色担孢子。子实体颜色鲜艳、多变。常见属有蜡伞属（*Hygrophorus*）和子实体相对小型的拱顶菇属（*Camarophyllus*）。蜡伞科种类与白蘑科蜡蘑外形特征很相似，两者区别主要是担子的长度，形态特征鉴别困难。

（4）蘑菇（伞菌）科：与牛肝菌科不同的是伞下子实层不是孔管而是菌褶，与口蘑科不同的是孢子颜色非白色，而是褐色或黑色。科很大，包括25个属。最著名的属为蘑菇属（*Agaricus*）。子实体菌盖白色到褐色、离生菌褶、有菌环无菌托、菌柄易与菌盖分离；菌褶在幼担子果为粉红色或白色，成熟后变暗，带上成熟孢子颜色（巧克力色）。非菌根菌，多见开阔、肥沃、多草的地面。

（5）牛肝菌科：菌盖子实层由垂直排列的菌管组成，子实体柔软、易腐烂，颜色鲜艳、多变，有毒或无毒。有毒的新鲜子实体当组织或管口破裂、受伤时会变为蓝色或红色，或两者兼有。该科与多孔菌科的区别是：牛肝菌科的担子果柔软、易腐烂，菌管易与担子果分离，而多孔菌科多为木栓质或革质，不易腐烂。常见属有：菌盖黏滑、菌柄表面多具腺点的乳牛肝菌属（*Suillus*）和菌柄具疣状颗粒的疣柄牛肝菌属（*Leccinum*）。

（6）红菇科：成熟子实体呈 Y 形伞状。由于子实体菌肉组织中含有许多囊泡，从而变得质脆（特别是菌褶）；菌盖颜色多变，菌褶直生或延生，等长，菌柄较粗，多白色、中空。孢子外壁均有刻纹。常见属有：菇体脆、菌盖颜色多变的红菇属（*Russula*）；新鲜子实体受伤后，会渗出无色或有色乳汁的乳菇属（*Lactarius*）。

（7）鹅膏科：白色孢子、离生菌褶并多具菌环与菌托的一类伞菌。幼菇期，担子果包裹在一个白色被膜里，很像一个鹅蛋。著名的属为具明显的菌托、有或无菌环的鹅膏属（*Amanita*）。由于该科中有著名的毒蘑菇，如通体洁白的磷柄白鹅膏（*A. virosa*）（俗称“致命小天使”）、黄橙色菌盖的橙盖鹅膏（*A.caesarea*）（凯撒蘑菇），故又称为毒伞科，但有毒的种类仍只占少数。

（8）光柄菇科：菌柄中生，与菌盖易分离；有或无菌托；菌褶离生或部分离生；菌褶初白色，后粉红色，孢子印淡红色、粉红色至葡萄酒红色或红肉桂色。常生于各种枯木、树桩（木生菇）或落叶层上，菌柄光滑、无菌环。光柄菇菌褶后期为粉红色，这点和粉褶菌科类似。其中，光柄菇属（*Pluteus*）和小包脚菇属（*Volvariella*）是最为著名。灰光柄菇是良好的食用菌，常长于木屑上。草菇（*Volvariella esculenta*）为该属中著名的食用菌。

（9）球盖菇科：菌盖半球形或扁半球形、菌褶与菌柄连生、孢子紫褐色的一类伞菌，非菌根菌，生于地上、腐木或粪等基物上。常见属有：球盖菇属（*Stropharia*），该属中的大球盖菇已进行商业栽培；裸盖菇属（*Psilocvbe*），担子果多细小，菌盖锥形至钟形，菌柄细长，受伤或破裂时变蓝，多为致幻真菌，如变蓝裸盖菇；鳞伞属（*Pholiota*），有与菌柄相连的菌褶，常生于朽木上，许多种的菌盖具鳞片。

（10）鬼伞科：产生黑色到紫褐色的孢子。生于枯木、粪、土壤及枯枝、落叶上，少数是其他伞菌的寄生菌。常见属有：鬼伞属（*Coprinus*），具非同时发育的菌褶，孢子成熟后菌盖液化；毛头鬼伞属（*C.comatus*），俗名为鸡腿菇，可人工栽培的食用菌；脆柄菇属（*Psathyrella*）、花褶伞属（*Panaeolus*）、斑褶菇属（*Anellaria*）多长在粪堆上，其中斑褶菇属多有毒并有致幻作用。

（11）丝膜菌科：该科真菌均产生黄色到锈褐色孢子，故也称为锈伞科，由于该科的模式属丝膜菌属（*Cortinarius*）的成员在菌盖的边缘到菌柄常有蛛网状丝膜，故称为丝膜菌科。常见属有：蛛网状丝膜明显的丝膜菌属（*Cortinarius*），多分布于林间地上，多为菌根菌且有毒；菌盖具丝光纤毛及条纹，幼时具丝膜，呈圆锥形的丝盖伞属（*Inocybe*）。

（12）粉褶菌科：菌盖表皮层由紧密的平伏菌丝或具囊状向上的端细胞组成，菌褶边缘薄而锐，少数种有脉纹，孢子角形，有纵条纹或粗糙，成堆时粉红色、葡萄酒红色或带红的肉桂色。常生于地上或其他基物上。常见属为粉褶菌属（*Rhodophyllus*），多数粉褶菌有毒。

（13）粪锈伞科：菌柄中生，与菌盖组织相连或稍分离，菌盖半膜质至肉质，表皮层为栅状角质层或由长的平伏菌丝组成；菌褶离生至近离生；孢子光滑，孢子堆锈褐色至污褐色。生于地上、腐木上或粪上。常见属有田头菇属（*Agrocybe*）和粪锈伞属（*Bolbitius*）。裸伞属（*Gymnopilus*）、滑锈伞属（*Hebeloma*）的多数成员有毒。

（14）铆钉菇科：因该科子实体形状似铆钉而得名。菌柄中生，与菌盖组织相连，担子果肉质，幼时有一层胶状的菌幕，后渐消失，在菌盖边缘残留有膜片或丝膜，并在菌柄上残留有易消失的菌环；菌褶厚，稀，延生，蜡质；孢子暗绿色，大型，近梭状；孢子堆绿褐色至黑褐色。与针叶树形成外生菌根。常见属有血红铆钉菇属（*Chroogomphis*）和铆钉菇属（*Gomphidius*），血红铆钉菇（*Chroogomphis rutilus*）俗称肉蘑，为著名的食用菌。

（15）网褶菌科：菌褶延生、分叉，褶间有横脉，在菌柄上交织成网状为该科成员的识别特征；孢子光滑，有刺或疣；孢子堆黄色至淡锈黄色。生于地上或腐木上。网褶菌属（*Paxillus*）的卷边网褶菌（*Paxillus involutus*，俗称杨蘑），为该科著名的食用菌。

2. 多孔菌（非褶菌）类

多孔菌类为层菌纲中具有无隔担子且不形成菌褶的一类大型真菌。担子果裸果型，无菌褶。绝大多数都能引起立木、木材及木制品的腐朽，所以又称木材腐朽菌。多数为腐生菌，少数为兼性寄生菌，都能人工培养，在林业和人民生活中占重要地位。

（1）多孔菌科：菌丝结构为单系、二系或三系，可引起白腐或褐腐；担孢子无色，通常无纹饰。多孔菌科与刺革菌科的区别在于：子实层或髓部中无刚毛，与 KOH 无变黑反应。该科是非褶类中变化最大、种类最多的孔状菌类，有 700 多种，分类混乱，是人为组合科。常见属有：多孔菌属（*Polyporus*），担子果具柄，具有缠绕菌丝的二系菌丝系统，产生白色腐朽；绚孔菌属（*Laetiporus*），代表种硫磺菌；层孔菌属（*Fomes*），层状或蹄形子实体坚硬、木质、具三系菌丝；隐孔菌属（*Cryptoporus*），孔面被一层薄膜所覆盖，担子果的边缘延伸为一层菌托状覆盖物，仅有一小开口与外界相通。此外还有树花属（*Grifola*）、茯苓菌属（*Wolfiporia*）、大孔菌属（*Favolus*）、拟迷孔菌属（*Daedaleopsis*）、拟层孔菌属（*Fomitopsis*）、褶孔菌属（*Lenzites*）、云芝属（*Coriolus*）、迷孔菌属（*Daedalea*）、干酪菌属（*Tyromyces*）、钹孔菌属（*Coltricia*）、栓菌属（*Trametes*）。

（2）灵芝菌科：菌盖表面有一漆色层，有或无菌柄。担孢子卵圆形，通常一端平截，金黄褐色，孢子壁双层，外层表面有很多凹陷刻点，三系菌丝，生殖菌丝有锁状联合，产生白色腐朽。灵芝属（*Ganoderma*）常见的种类有灵芝（*G.lucidium*）、树舌（*G.applanatum*）。灵芝为中国著名药用菌。树舌被称为艺术家的木腐菌，其孔口非常细小，以至子实层显得很光滑，任何尘状工具触及其新鲜菌孔表面都会引起变黑的氧化反应，故常用于绘画。

（3）裂褶菌科：菌盖韧，革质；菌柄侧生或无，菌褶从基部辐射而出，沿边缘纵向分裂并反卷，故称裂褶菌。孢子堆白色。菌盖中变形的菌丝能深入菌盖表面使菌盖表面呈绒毛状，也是这一科的共同特点。代表种普通裂褶菌（*Schizophyllum commune*）子实体杯形，上有灰色绒毛，担子果边缘增生，形成纵裂的菌褶，纵裂的菌褶可以折叠，并在干燥的条件下将子实层遮盖。虽然裂褶菌具菌褶，但与伞菌的菌褶并不同源。

（4）鸡油菌科：子实层形成纵行的粗网棱，像浅延生的菌褶一样，一直延生到菌柄上。常见属有鸡油菌属（*Cantharellus*）和喇叭菌属（*Craterellus*），担子果颜色鲜艳（红、橘黄或黄），菌丝具锁状联合。菌盖逐渐延生到菌柄上，有时菌盖中心凹陷形成漏斗形。代表种鸡油菌（*Cantharellus cibarius*）为美味食用菌。具暗色、漏斗形的子实体，菌丝无锁状联合，子实层大多是平滑的。

（5）珊瑚菌科：担子果呈直立分枝或珊瑚型，其枝干呈圆柱形的或扁圆柱形；子实层分布在全体或只在膨大的顶部。子实体多肉质，鲜黄或橘黄色。包括珊瑚菌属（*Clavulina*）和枝瑚菌属（*Ramaria*）。

（6）猴头菌科和齿菌科：子实层分布在倒悬的齿状或刺状结构上。担子果为平展到盖形，子实层体光滑到齿状。两者均为单系菌丝，具锁状联合。但猴头菌科担孢子有糊精反应，且具有胶化菌丝。猴头菌科（Hericium erinaceum）为著名的食药用菌，可人工栽培。

（7）革菌科：担子果延展于基物上，边缘反卷，菌盖或为单一的扇形，或为多分裂的重叠盖状，稀有伞形的子实层平滑，皮革状或蜡质，稀有凹陷或凸起。革菌科种类数量较多，分类困难。

（8）韧革菌科：担子果平伏且反卷、具柄或具菌盖；革质、木栓质或木质，具分区环纹。最明显的识别特征是肉眼看上去子实层是光滑的。这一特征可以与多孔菌科区分开来。常生活在活立木的创伤口处，多为白腐菌。

（9）伏革菌科：担子果为平伏形。串担革菌属的子实体有点像膜状蜘蛛网。筒毛伏革菌属的囊状体被长形的结晶体覆盖。油伏革菌属产生次生的囊状体，顶端呈泡囊形，泡囊成熟后破裂，顶端呈领状。

（10）刺革菌科：菌丝无锁状联合，担子果具刚毛，黄褐色或红褐色，菌丝的桶状隔膜是非穿孔的；菌丝组织在 KOH 溶液中变黑（黄化反应）。担孢子光滑，无色或褐色。属白腐菌。常见属有：纤孔菌属（*Inonotus*），具孔状子实层，担子果一年生；栎纤孔菌属（*Inonotus quercustris*）能分泌大量黄色液滴，覆盖在菌盖表面。

（11）绣球菌科：只有绣球菌属（*Sparassis*）。生活在活树的基部或根部，产生大型、浅色、单系菌丝子实体。生殖菌丝具锁状联合。担子果由扁平分枝组成、呈花瓣状排列。目前绣球菌已实现人工栽培。

3．腹菌类

腹菌类为担孢子形成于闭合的子实体内，担子果发达，被果型的一类菌物。担孢子不能弹射，直到成熟后才从孔口、裂口或破坏了的子实体中散出。通常认为腹菌类真菌是真菌中最高等的类群，环境适应能力强，分布广泛。大多数腹菌类真菌为腐生，少数与松树共生形成菌根，有些可食用，如竹荪和马勃属的一些种类，有的可作药用。

1）马勃目：产孢组织成熟时为粉末状，典型的具有浅色孢子和发育良好的孢丝，具 2 ～ 4 层包被。

（1）马勃科：担子果具内外两层包被。生于朽木或森林的地上。幼时担子果内部纯白时可食，但要注意与鹅膏幼担子果的区分（纵切）。常见属有：秃马勃属（*Calvatia*），内外两层包被薄而脆，外包被破裂的薄片脱落后暴露出的内包被也逐渐破裂而释放孢子，常见种为大秃马勃（巨大马勃）、杯形秃马勃（担子果梨形、散孢后不孕基部仍完整保留，成熟产孢组织略呈紫色）；马勃属（*Lycoperdon*），内外包被明显，外包被常有刺、疣或颗粒状结构，易脱落，剩下完整的、薄的、膜质的内包被，中央有一个散孢孔，任何碰撞均可导致孢子自孔口喷出。

（2）地星科：外包被与包被中层不能分开，潮湿时，沿放射状裂缝开裂成 4 ～ 12 瓣的星状。常见属有：地星属（*Geastrum*），顶部有散孢孔，在一些种中，孔口周围带有显著或纤细的沟纹；根灰孢菌属（*Radiigera*），内包被消失。

2）柄灰孢目：有柄的马勃，有些种类担子果的发育早期为地下生，但成熟担子果通常为地上生。这一特点对适应干燥环境有利。包括丽口孢科和柄灰孢科。常见属有：丽口包属（*Calostoma*），外包被为胶状易消失，红皮丽口包的外包被为透明、鲜橙红色；柄灰孢属（*Tulostoma*），担子果较小，柄长一般不超 4 ～ 5 cm，支撑着一个小的头部，其直径幼时可达 1 cm；钉灰孢属（*Battarrea*），担子果比柄灰孢大得多，其柄可超过 30 cm，头部直径可达 2.5 ～ 5 cm。

3）硬皮马勃目：具厚而硬的包被，多为暗色产孢组织。常见属有：硬皮马勃属（*Scleroderma*），遍布各地，外生菌根菌，担子果卵形，部分地下生，包被厚而硬，宿存性，担子果成熟后不规则开裂，释放大量暗色产孢组织。硬皮地星属（*Astraeus*），假地星，干燥时外包被的辐片紧紧地包裹着由内包被形成的马勃状担子果部分，一旦湿润可打开形成地星状。彩色豆马勃是豆马勃属的唯一成员，是很多不同树种的外菌根菌，在人工造林、开荒种地方面极具价值，可促进与该种形成菌根的树苗在不良环境中生长，对造林有帮助。

4）鬼笔目：又称为臭角菌。担子果成熟后，内部的产孢组织自溶，在柄状组织顶端形成一团有臭味的胶状物（硫化氢、甲硫醇等），多为腐生菌，初地下生或近地下生，成熟后暴露于地面。气味可吸引苍蝇黏附的产孢组织，借此传播、散发孢子。幼时的担子果都为一白色的卵形结构，一些种可达鸡蛋大小。这很类似马勃，但其基部可见明显的菌索与基质相连。

（1）鬼笔科：产孢组织生于简单的、柱状孢子托近顶部表面。该科的鬼笔属（*Phallus*）孢子托为厚海绵质，产孢组织生于具嵴或具纹孔的菌盖外表面。蛇头菌属（*Mutinmus*）孢子托顶部逐渐变细，无钟形结构，圆柱形或纺锤形，中空、有色。竹荪属（*Didtyophora*）与鬼笔相似，但该属的很多产孢组织基部悬垂着纯白色、具网纹的“菌裙”。

（2）笼头菌科：孢子托呈长形、中空的柄状组织，或是具有 3 ～ 4 根伸展散开的、有时是弓形而顶端汇合的柱状结构。不论是哪种孢子托，笼头菌科的产孢组织都生于孢子托的内表面。

5）鸟巢菌目：担子果似小巧的鸟巢而得名。成熟的担子果中空、杯形，具有鸟卵状的小包。分为两个科：鸟巢菌科（含 6 属）、弹球菌科（含 1 属）。

鸟巢菌科会形成多个小包；弹球菌属会形成一个球状小孢，猛烈地释放出去。

4．胶质菌类

子实体胶质，多呈耳状的一类菌物。包括木耳目、银耳目和花耳目。

1）木耳目：大都为木材上的腐生菌，少数寄生于高等植物或其他真菌上。担子果裸果型，胶质，干后呈坚硬的壳状或垫状，子实层分布在担子果表面。典型的担子有横隔，分为4个细胞。木耳属（*Auricularia*）是木耳科中的重要属，该属中的黑木耳（*Auricularia auricular*）和毛木耳（*Auriclaria polytricha*）是可人工栽培的著名食用菌。

2）银耳目：多数是木材上的腐生菌，少数寄生在真菌上，担子裸果型，大多为胶质。典型的担子以十字形纵隔分成4个细胞。银耳科中的银耳属（*Tremella*）的银耳（*tremella fuciformis*）是其中很典型的菌种，也可人工栽培。

3）花耳目：多数是木材上的腐生菌，担子果常具鲜亮的颜色。花耳属（*Dacrymyces*）是其中的代表属。

5．子囊菌类

子囊菌类是真菌界中种类最多的一个门，其中除酵母亚门为单细胞外，其余种类都是多细胞的，由有分枝、有隔的菌丝组成，多为植物的病原真菌。少数可形成大型子囊果，即大型真菌。

常见种类的识别特征简介如下。

羊肚菌属（*Morchella*）：具有带粗柄的子囊盘，菌盖布满凹陷或有脊状结构，形似羊肚，是美味的食用菌品种。

马鞍菌属（*Helvella*）：具有不规则的菌盖，通常形状如马鞍，柄上常有很深的脊状条棱。

虫草属（*Cordyceps*）：具有长而直立、有柄的棍棒状子座。其中，冬虫夏草（*Cordyceps sinensis*）为名贵滋补药用菌，目前不能人工栽培；可人工栽培的蛹虫草（*Cordyceps militaris*）也具有很好的保健作用。

碳角菌属（*Xylaria*）：具有直立、伸长的子座，子座的大小、形状变异较大。常见的两个种是：具有高而细长、近圆柱或扁平分叉状子座的团碳角菌（*X. hypoxylon*）和被称为“死人指”的丛生棍棒状子座的多形炭角菌（*X. polymorph*）。

还有的子囊果外形呈盘状、杯状或垫状，常具鲜艳色彩，容易辨认。此类子囊菌称为盘菌。在野外调查时，常见的有泡质盘菌、地舌菌、地勺菌、锤舌菌等。

第三节　湖北木林子国家级自然保护区大型真菌物种组成及多样性

本节将对湖北木林子国家级自然保护区的大型真菌标本进行科、属、种的统计分析，统计各类群物种数目及其所占比例，并按照物种数目多少递减排序。优势科（所含种类超过或等于5种的科）、优势属（所含种类超过或等于5种的属）的统计与分析参照现有文献的方法。

对湖北木林子国家级自然保护区大型真菌进行区系分析时，依据卯晓岚、图力古尔和李玉等的方法，结合现有文献资料，确定所有的分类单元的区系（科、属）地理成分，从而进行区系划分，最终确定其地理分布。

一、大型真菌的物种组成

对湖北木林子国家级自然保护区采集到的大型真菌标本进行统计和分析，情况见表1。

表1　湖北木林子国家级自然保护区大型真菌物种组成统计表

门名	纲（种）	目（种）	科（种）	属（种）	种（种）	占总种数比例（%）
担子菌门	2	12	41	72	129	96.27
子囊菌门	2	3	4	5	5	3.73
总计	4	15	45	77	134	100.00

本书涉及的134种大型真菌分别隶属于2门4纲15目45科77属。其中，担子菌门（*Basidiomycota*）有2纲12目41科72属129种，所包含种数占总种数的96.27%；子囊菌门（*Ascomycota*）有2纲3目4科5属5种，所包含种数占总种数的3.73%。

二、大型真菌优势科、优势属

湖北木林子国家级自然保护区大型真菌优势科统计见表 2、表 3，优势属统计见表 4、表 5。

表 2　湖北木林子国家级自然保护区大型真菌属、种数量统计表

序号	科名	科拉丁名	属数（种）	种数（种）	占总种数的比例（%）
1	蘑菇科	Agaricaceae	2	3	2.24
2	球盖菇科	Strophariaceae	5	6	4.48
3	鹅膏科	Amanitaceae	1	9	6.72
4	牛肝菌科	Boletaceae	6	8	5.97
5	木耳科 Auriculariaceae	Auriculariaceae	1	1	0.75
6	耳匙菌科	Auriscalpiaceae	1	1	0.75
7	多孔菌科	Polyporaceae	8	11	8.21
8	马勃科	Lycoperdaceae	2	3	2.24
9	鬼伞科	Psathyrellaceae	4	5	3.73
10	鸡油菌科	Cantharellaceae	1	1	0.75
11	柄杯菌科	Meruliaceae	2	2	1.49
12	铆钉菇科	Gomphidiaceae	1	1	0.75
13	珊瑚菌科	Clavariaceae	1	1	0.75
14	杯伞科	Clitocybaceae	1	1	0.75
15	粪锈伞科	Bolbitiaceae	1	1	0.75
16	丝膜菌科	Cortinariaceae	1	1	0.75
17	鸟巢菌科	Nidulariaceae	2	2	1.49
18	粉褶菌科	Entolomataceae	1	6	4.48
19	锈革孔菌科	Hymenochaetaceae	2	2	1.49
20	地星科	Geastraceae	1	1	0.75
21	褐褶菌科	Gloeophyllaceae	1	1	0.75
22	类脐菇科	Omphalotaceae	3	7	5.22

续表

序号	科名	科拉丁名	属数（种）	种数（种）	占总种数的比例（%）
23	桩菇科	Paxillaceae	1	1	0.75
24	圆孔牛肝菌科	Gyroporaceae	1	1	0.75
25	蜡伞科	Hygrophoraceae	1	1	0.75
26	泡头菌科	Physalacriaceae	1	1	0.75
27	肉座菌科	Hypocreaceae	1	1	0.75
28	丝盖伞科	Inocybaceae	2	5	3.73
29	虫草科	Cordycipitaceae	1	1	0.75
30	红菇科	Russulaceae	3	29	21.64
31	小皮伞科	Marasmiaceae	1	1	0.75
32	肉杯菌科	Sarcoscyphaceae	2	2	1.49
33	鬼笔科	Phallaceae	2	2	1.49
34	小菇科	Mycenaceae	1	2	1.49
35	菌瘿伞科	Squamanitaceae	1	1	0.75
36	侧耳科	Pleurotaceae	1	1	0.75
37	光柄菇科	Pluteaceae	1	2	1.49
38	拟层孔菌科	Fomitopsidaceae	1	1	0.75
39	原鬼笔科	Protophallaceae	1	1	0.75
40	钉菇科	Gomphaceae	1	1	0.75
41	裂褶菌科	Schizophyllaceae	1	1	0.75
42	硬皮马勃科	Sclerodermataceae	1	1	0.75
43	乳牛肝菌科	Suillaceae	1	1	0.75
44	口蘑科	Tricholomataceae	2	2	1.49
45	炭角菌科	Xylariaceae	1	1	0.75

表 3　湖北木林子国家级自然保护区大型真菌科内种的组成分析

含种数(种)	科数(种)	占总科数(%)	种数(种)	占总种比例(%)
≥ 5	9	20.00	86	64.18
2 ~ 4	10	22.22	22	16.42
1	26	57.78	26	19.40
合计	45	100	134	100.00

表 4　湖北木林子国家级自然保护区大型真菌中优势属(≥ 5 种)

属	属拉丁名	种数(种)	占总种数的比例(%)	习性
红菇属	*Russula*	20	14.93	共生 Symbiotic
鹅膏属	*Amanita*	9	6.72	共生 Symbiotic
粉褶菌属	*Entoloma*	6	4.48	腐生 Saprophytic
裸脚伞属	*Gymnopus*	5	3.73	土生 Geophilous
乳菇属	*Lactarius*	5	3.73	共生 Symbiotic

表 5　湖北木林子国家级自然保护区大型真菌属内种的组成分析

含种数	属数(种)	占总属数(%)	种数(种)	占总种比例(%)
≥ 5	5	6.49	45	33.58
2 ~ 4	11	14.29	28	20.90
1	61	79.22	61	45.52
合计	77	100	134	100.00

已鉴定的湖北木林子国家级自然保护区大型真菌中优势科有 9 科，这 9 个科占总科数量的 20.00%，按科下物种数由多到少分别是红菇科 Russulaceae、多孔菌科 Polyporaceae、鹅膏科 Amanitaceae、牛肝菌科 Boletaceae、类脐菇科 Omphalotaceae、球盖菇科 Strophariaceae、粉褶蕈科 Entolomataceae、鬼伞科 Psathyrellaceae、丝盖伞科 Inocybaceae；该 9 科共有大型真菌 86 种，种的数量占已鉴定的大型真菌总数的 64.18%。通过表 3 分析，含 1 种的科有 26 个，占总科数的 57.78%；含 2 ~ 4 种的科有 10 个，占总科数的 22.22%。综合分析来看，优势科占总科数的比例不高，但种数超过六成。

已鉴定的湖北木林子国家级自然保护区大型真菌中优势属有 5 属，这 5 个属占总属数量的 6.49%，按属下物种数由多到少分别是红菇属 *Russula*、鹅膏属

Amanita、粉褶菌属 *Entoloma*、乳菇属 *Lactarius*、裸脚伞属 *Gymnopus*；这 5 个属共有大型真菌 45 种，种的数量占已鉴定的大型真菌总数的 33.58%。通过表 5 分析，含 1 种的属有 61 个，占总属数的 79.22%；含 2 ～ 4 种的属有 11 个，占总属数的 14.29%。综合分析来看，优势属占总属数的比例不高，但种数占了三成多。

三、大型真菌区系分析

湖北木林子国家级自然保护区含有 45 科，从科的地理分布上分析，本地区有 Clavariaceae、Entolomataceae、Clavariaceae、Physalacriaceae 等科为热带或亚热带分布科，约占总科数的 8.89%；北温带成分的科有 Boletaceae、Cortinariaceae、Hygrophoraceae、Nidulariaceae、Gomphaceae、Hymenochaetaceae 等，占总科数的 13.33%；东亚 - 北美成分的科仅有 Hydnaceae 一种，占总科数的 2.22%；其余的科为世界性分布科，总体占 75.56%，在该地区缺少特有科的分布。鉴于目前对真菌科的概念和范围划分没有统一的标准，科级的分类单位适用于讨论大面积的生物区系特点，湖北木林子保护区的真菌区系特点很难通过科的分布型体现出来，因此将重点讨论属的区系特征。

1．世界性分布

广泛成分分布指广泛分布于世界各大洲而没有特殊分布中心的属，在湖北木林子保护区的 77 个属中，此成分的属有 60 个，占总属的 77.92%，其中子囊菌有 *Xylaria* 等；担子菌有 *Agaricus*、*Agrocybe*、*Amanita*、*Auricularia*、*Auriscalpium*、*Boletus*、*Calvatia*、*Cantharellus*、*Conocybe*、*Cyathus*、*Daedaleopsis*、*Gyroporus*、*Hypomyces*、*Inonotus*、*Lepiota*、*Microporus*、*Mycena*、*Nidularia*、*Phylloporus*、*Pleurotus*、*Pluteus*、*Polyporus*、*Psathyrella*、*Ramaria*、*Russula*、*Schizophyllum*、*Scleroderma*、*Strobilomyces*、*Stropharia*、*Trametes*、*Tricholomopsis*、*Tyromyces* 等。

2．北温带成分

北温带分区类型指广泛分布于欧亚大陆及北美温带地区的属，此成分在湖北木林子保护区共有 8 属，占总属的 10.39%，包括：*Bjerkandera*、*Cortinarius*、*Inocybe*、*Lactarius*、*Lycoperdon*、*Pholiota*、*Suillus*、*Tricholoma* 等。

3．东亚 - 北美成分

东亚 - 北美是指间断分布于东亚和北美温带及亚热带地区的属，此成分的属共有 2 个，占总属的 2.60%，包括：*Aureoboletus*、*Chiua* 等。

4．热带 - 亚热带成分

此成分指分布于东、西半球热带，部分属分布于亚热带至温带，但分布中心仍在热带的属。本地区共有 7 个属，占总属的 9.09%，包括：*Entoloma*、*Hygrocybe*、*Oudemansiella*、*Lacrymaria*、*Marasmius*、*Mutinus*、*Phallus* 等。

从以上分析可以看出，湖北木林子保护区大型真菌属的地理区系分布以世界性广泛分布为主，其次是北温带和热带 - 亚热带成分，东亚 - 北美成分少。分析显示，湖北木林子保护区的大型真菌分布主要以北温带和热带成分的区系特征为主，可能与复杂的地形和落差较大的海拔地理性状有关。

第四节　湖北木林子国家级自然保护区大型真菌物种资源评价

根据大型真菌的经济利用价值，湖北木林子国家级自然保护区的大型真菌资源可以分为食用菌、药用菌、有毒菌、食药兼用菌和尚不明确用途五类。其中，食用菌共有 22 种，占总种数的 16.42%；药用菌共有 17 种，占总种数的 12.69%；食药兼用菌共 7 种，占总种数的 5.22%；毒菌 23 种，占总种数的 17.16%；还有 65 种大型真菌的应用价值不明。统计得出，有经济价值的大型真菌共有 69 种，对该地区具有很好的利用开发价值。再结合《中国生物多样性红色名录——大型真菌卷》，本书对木林子保护区的大型真菌进行了评估，列出了受威胁大型真菌的信息，包含中文名、拉丁名、评估等级以及经济价值。

一、食用菌资源

食用菌共有 22 种，其中常见的种有硬田头菇 *agrocybe dura*、毛黑木耳 *auricularia nigricans*、双色牛肝菌 *boletus bicolor*、黄盖小脆柄菇 *candolleomyces candolleanus*、平盖鸡油菌 *cantharellus applanatus*、二孢拟奥德蘑 *hymenopellis raphanipes*、鲜艳乳菇 *lactarius vividus*、香菇 *lentinula edodes*、肺形侧耳 *pleurotus pulmonarius* 等。

二、药用菌资源

药用菌共有 17 种，其中常见的种有烟管菌 *bjerkandera adusta*、任氏黑蛋巢菌 *cyathus renweii*、粗糙拟迷孔菌 *daedaleopsis confragosa*、赤芝 *ganoderma lucidum*、深褐褶菌 *gloeophyllum sepiarium*、黄瘤孢菌 *hypomyces chrysospermus*、大虫草 *isaria cicadae*、薄皮干酪菌 *tyromyces chioneus* 等。

三、食用兼药用菌资源

食药兼用菌共有 7 种，其中常见的种有头状秃马勃 *calvatia craniiformis*、血红铆钉菇 *chroogomphus rutilus*、网纹马勃 *lycoperdon perlatum*、酒红球盖菇 *stropharia rugosoannulata* 等。

四、毒菌资源

有毒菌共有 23 种，其中常见的种有球基蘑菇 *agaricus abruptibulbus*、长条棱鹅膏 *amanita longistriata*、暗盖淡鳞鹅膏 *amanita sepiacea*、方形粉褶蕈 *entoloma quadratum*、褐圆孔牛肝菌 *gyroporus castaneus*、簇生垂幕菇 *hypholoma fasciculare*、欧姆斯乳菇 *lactarius oomsisiensis* 等。在该区域应加强大型真菌科普知识宣传工作，避免误食毒蘑菇事件的发生。

五、受威胁物种

通过表 5 可知，湖北木林子国家级自然保护区受威胁的大型真菌有 67 个，其中近危（near threatened，NT）1 种，无危（least concern，LC）46 种，数据缺乏（date deficient，DD）20 种。

表 5 湖北木林子国家级自然保护区大型真菌受威胁物种评估等级及经济价值

中文名	拉丁文名	评估等级	中国特有种	经济价值
酒红球盖菇	*stropharia rugosoannulata*	近危（NT）	否	食药
球基蘑菇	*agaricus abruptibulbus*	无危（LC）	否	有毒
硬田头菇	*agrocybe dura*	无危（LC）	否	食用
长条棱鹅膏	*amanita longistriata*	无危（LC）	否	剧毒
高大鹅膏	*amanita princeps*	无危（LC）	否	未知
暗盖淡鳞鹅膏	*amanita sepiacea*	无危（LC）	否	有毒

续表

中文名	拉丁文名	评估等级	中国特有种	经济价值
锥鳞白鹅膏	*amanita virginioides*	无危（LC）	否	有毒
粒表金牛肝菌	*aureoboletus roxanae*	无危（LC）	否	未知
毛黑木耳	*auricularia nigricans*	无危（LC）	否	食用
烟管菌	*bjerkandera adusta*	无危（LC）	否	药用
双色牛肝菌	*boletus bicolor*	无危（LC）	否	食用
血红绒牛肝菌	*boletus flammans*	无危（LC）	否	食用
黄盖小脆柄菇	*candolleomyces candolleanus*	无危（LC）	否	食用
绿盖裘氏牛肝菌	*chiua virens*	无危（LC）	否	食用
血红铆钉菇	*chroogomphus rutilus*	无危（LC）	否	食药
梭形拟锁瑚菌	*clavulinopsis fusiformis*	无危（LC）	否	食用
粗糙拟迷孔菌	*daedaleopsis confragosa*	无危（LC）	否	药用
粪生黄囊菇	*deconica merdaria*	无危（LC）	否	未知
方形粉褶蕈	*entoloma quadratum*	无危（LC）	否	剧毒
绒皮地星	*geastrum velutinum*	无危（LC）	否	药用
深褐褶菌	*gloeophyllum sepiarium*	无危（LC）	否	药用
金黄裸柄伞	*gymnopus aquosus*	无危（LC）	否	未知
栎裸角菇	*gymnopus dryophilus*	无危（LC）	否	药用
铅色短孢牛肝菌	*gyrodon lividus*	无危（LC）	否	食用
褐圆孔牛肝菌	*gyroporus castaneus*	无危（LC）	否	有毒
簇生垂幕菇	*hypholoma fasciculare*	无危（LC）	否	有毒
荫生丝盖伞	*inocybe umbratica*	无危（LC）	否	未知
泪褶毡毛脆柄菇	*lacrymaria lacrymabunda*	无危（LC）	否	有毒
香菇	*lentinula edodes*	无危（LC）	否	食用
网纹马勃	*lycoperdon perlatum*	无危（LC）	否	食药
竹林蛇头菌	*mutinus bambusinus*	无危（LC）	否	未知
血红小菇	*mycena haematopus*	无危（LC）	否	食药
金盖褐伞	*phaeolepiota aurea*	无危（LC）	否	有毒
黄脉鬼笔	*phallus flavocostatus*	无危（LC）	否	有毒
黄褐黑斑根孔菌	*picipes badius*	无危（LC）	否	未知

续表

中文名	拉丁文名	评估等级	中国特有种	经济价值
肺形侧耳	*pleurotus pulmonarius*	无危（LC）	否	食用
纤细枝瑚菌	*ramaria gracilis*	无危（LC）	否	有毒
乳酪状红金钱菌	*rhodocollybia butyracea*	无危（LC）	否	食用
小红肉杯菌	*sarcoscypha occidentalis*	无危（LC）	否	木腐
裂褶菌	*schizophyllum commune*	无危（LC）	否	食药
大孢硬皮马勃	*scleroderma bovista*	无危（LC）	否	药用
褐环乳牛肝菌	*suillus luteus*	无危（LC）	否	有毒
毛栓孔菌	*trametes hirsuta*	无危（LC）	否	木腐
漆柄小孔菌	*trametes vernicipes*	无危（LC）	否	木腐
赭红拟口蘑	*tricholomopsis rutilans*	无危（LC）	否	有毒
薄皮干酪菌	*tyromyces chioneus*	无危（LC）	否	药用
斯氏炭角菌	*xylaria schweinitzii*	无危（LC）	否	未知
苞脚鹅膏	*amanita volvata*	数据缺乏（DD）	否	有毒
头状秃马勃	*calvatia craniiformis*	数据缺乏（DD）	否	食药
任氏黑蛋巢菌	*cyathus renweii*	数据缺乏（DD）	否	药用
默里粉褶蕈	*entoloma murrayi*	数据缺乏（DD）	否	有毒
小菇状粉褶蕈	*entoloma mycenoides*	数据缺乏（DD）	否	未知
二孢拟奥德蘑	*hymenopellis raphanipes*	数据缺乏（DD）	否	食用
多毛丝盖伞	*inocybe bongardii*	数据缺乏（DD）	否	有毒
大虫草	*isaria cicadae*	数据缺乏（DD）	否	药用
粉绿多汁乳菇	*lactifluus glaucescens*	数据缺乏（DD）	否	未知
大囊小皮伞	*marasmius macrocystidiosus*	数据缺乏（DD）	否	未知
巨孢小口盘菌	*microstoma macrosporum*	数据缺乏（DD）	否	未知
叶生小菇	*mycena metata*	数据缺乏（DD）	否	未知
实心鸟巢菌	*nidularia deformis*	数据缺乏（DD）	否	未知
斑盖褶孔牛肝菌	*phylloporus maculatus*	数据缺乏（DD）	是	未知
云南褶孔牛肝菌	*phylloporus yunnanensis*	数据缺乏（DD）	是	未知
波扎里光柄菇	*pluteus pouzarianus*	数据缺乏（DD）	否	未知
绒毛波斯特孔菌	*postia hirsuta*	数据缺乏（DD）	否	未知

续表

中文名	拉丁文名	评估等级	中国 特有种	经济 价值
褐黄小脆柄菇	*psathyrella subnuda*	数据缺乏（DD）	否	未知
微茸松塔牛肝菌	*strobilomyces subnudus*	数据缺乏（DD）	是	未知
鳞皮假脐菇	*tubaria furfuracea*	数据缺乏（DD）	否	未知

担子菌

1. 球基蘑菇
Agaricus abruptibulbus Peck

生物特征

子实体中等至较大。菌盖直径 3 ～ 10 cm，初期扁半球形，后期中部有宽的突起，表面呈浅黄白色，中部色深、平滑，伤处变为污黄色。菌幕呈白色，并附有呈环状排列的粉色棉状絮状物。菌肉厚，淡黄色。菌褶密，离生，初期呈污白色至粉红色，后变黑褐色，不等长。菌环膜质，白色，生于菌柄上部。菌柄近圆柱形，长 3.5 ～ 12.0 cm，直径 0.5 ～ 1.5 cm，稍弯曲，黄色，伤处变为污黄色，光滑，中空，脆骨质，基部明显膨大。

有毒。

生态环境

秋季生于阔叶林内地上单生或散生。

2. 假紫红蘑菇

Agaricus parasubrutilescens Callac & R. L. Zhao

生物特征

子实体小型至中等大。菌盖直径 5 ~ 8 cm，棕色，半球形，中部凸起，不黏，边缘无条纹，菌盖被有棕黑色块鳞，非水浸状。菌肉白色，较厚，有特殊气味。菌褶较密，浅红色，弯生近离生，不等长。菌环位于上部，白色丝膜状，单层，脱落。菌柄长 6 ~ 12 cm，直径 0.8 ~ 1.2 cm，圆柱形，上白下浅红，脆骨质，空心，基部明显膨大。

生态环境

夏秋季于针阔混交林地上单生或散生。

3. 田头菇属中的一种
Agrocybe cf. putaminum (Maire) Singer

生物特征

子实体小型至中等大。菌盖直径 2.0 ～ 2.5 cm，边缘深棕色，中央浅黄色，形似草帽，中部凸起，不黏，边缘有褐色环条纹，菌盖被有粉鳞，非水浸状。菌肉白色，较厚。菌褶较密，白色至浅棕色，直生，不等长。菌柄长 5 ～ 10 cm，直径 0.5 ～ 1.0 cm，浅黄褐色，脆骨质，实心，基部明显膨大。

生态环境

春夏季于针叶林地上散生或群生。

4. 硬田头菇

Agrocybe dura Sensu NCL

生物特征

子实体中等大至大型。菌盖直径 3 ～ 8 cm，初期呈扁半球形，成熟后平展，中部稍凹陷，不黏，白色至淡黄色，非水浸状。菌肉白色，薄。菌褶密，白色至青灰色，成熟后褐色，离生，不等长。菌环位于上部，膜质，薄，易消失。菌柄长 5 ～ 8 cm，直径 1.0 ～ 1.5 cm，同菌褶色，纤维质，实心，基部稍膨大。

可食用。

生态环境

春秋季于田间地上单生或散生。

5. 鹅膏属中的一种
Amanita chiui Y. Y. Cui, Q. Cai & Zhu L. Yang

生物特征

子实体中等大至大型。菌盖直径 5 ～ 10 cm，初期呈扁半球形，成熟后平展，不黏，中央深棕色，边缘有条纹，非水浸状。菌肉白色，薄，透明。菌褶密，白色，离生近弯生，不等长。菌柄长 5 ～ 8 cm，直径 1.0 ～ 1.5 cm，同菌褶色，纤维质，实心，基部稍膨大。菌托大，呈袋状，厚，白色，脱落。

生态环境

春夏季于针阔混交林地上单生或散生。

6. 粉色鹅膏

Amanita fense M. Mu & L. P. Tang

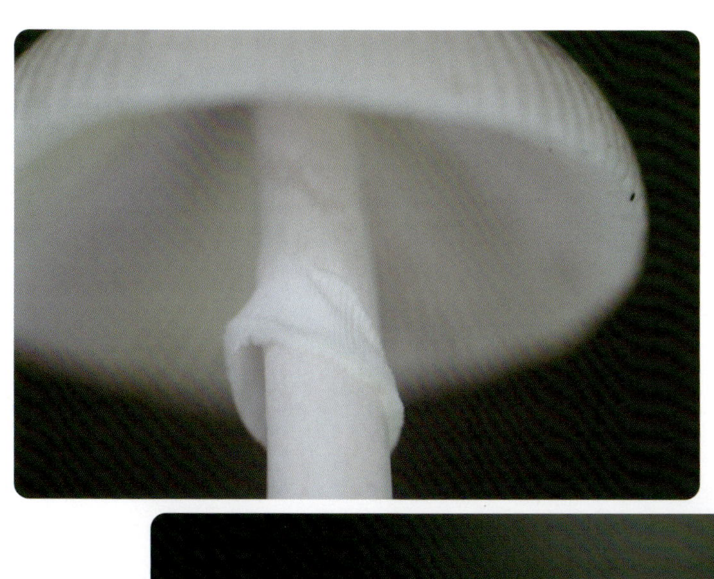

生物特征

子实体中等大。菌盖呈半球形，直径8.5～12.5 cm，表面白色，边缘沟纹明显，中央深棕色，边缘有条纹，黏。菌肉白色，厚。菌褶较密，白色，离生，不等长。菌柄长5～11 cm，直径0.45～0.75 cm，白色，空心，脆骨质，基部明显膨大。菌环位于上部，白色，有纵向条纹，单层，膜质，不脱落，不活动。菌托小型，杯状，不易消失。

生态环境

夏秋季于混交林地上单生或散生。

7. 长条棱鹅膏
Amanita longistriata S. Imai

生物特征

子实体小至中等。菌盖直径2.5～7.0 cm，幼时近卵圆至近钟形，成熟后平展，中部低或中央稍凸，灰褐色或淡褐色带浅粉红色，边缘有放射状长条棱。菌肉薄，污白色。菌褶密，污白色至微带粉红色，离生，不等长。菌柄长4～8 cm，直径0.3～0.6 cm，圆柱形，污白色，表面平滑，内部松软至中空。菌环膜质，污白色，生柄上部。菌托苞状，污白色。孢子印白色。

生态环境

夏秋季于阔叶林、针叶林或针阔混交林中地上散生。

8. 淡环鹅膏

Amanita pallidozonata Y. Y. Cui, Q. Cai & Zhu L.Yang

生物特征

子实体中等大。菌盖直径 5.5 ～ 9.0 cm，中央深棕色，黏，平展，边缘浅棕色、有纵条纹，非水浸状。菌肉白色，较厚。菌褶密度中等，白色，直生，不等长。菌柄长 12 ～ 16 cm，直径 0.8 ～ 1.5 cm，白色，脆骨质，空心。基部稍膨大。菌托小型，袋状，不易消失。

生态环境

夏秋季于阔叶林地上单生或散生。

9. 高大鹅膏
Amanita princeps Corner & Bas

生物特征

子实体中等大。菌盖直径 10 ～ 13 cm，边缘白色，不黏，中央黄色，形状平展，非水浸状，幼时半球形，长大后平展。菌肉白色，气味香味，菌褶较稀，白色，密度稀，弯生或近直生，不等长。菌环位于上部，颜色黄色，单层，丝膜状。菌柄长 18.0 ～ 20.1 cm，直径 1.2 ～ 1.8 cm，颜色为白色，脆骨质，空心，基部明显膨大。菌托大型，袋状，不易消失。

生态环境

夏秋季于阔叶林地上单生或散生。

10. 暗盖淡鳞鹅膏

Amanita sepiacea S. Imai

生物特征

子实体中等大。菌盖直径 5.5 ～ 9.0 cm，扁半球形至平展，表面褐色，具隐生纤丝花纹，边缘沟纹不明显，被菌幕残余。菌幕残余锥状，有时絮状，污白色至淡灰色，常易脱落。菌肉白色，较厚。菌褶密，白色，不等长，离生。菌柄长 9.0 ～ 12.5 cm，直径 1 ～ 2 cm，浅灰色，下半部被有灰色至浅灰色纤丝状鳞片。菌环近顶生，白色。菌柄基部呈梭形，上半部被有近白色疣状至锥状菌幕残余，呈环带状排成数圈，圆柱形，从上而下逐渐变粗。孢子椭圆形至宽椭圆形。

有毒。

生态环境

夏秋季于阔叶林地上单生或散生。

11. 锥鳞白鹅膏
Amanita virginioides Bas

生物特征

子实体小至中等大。菌盖直径 3.5 ～ 8 cm，颜色白色，幼时形状近半球形，边缘稍内卷，后期呈扁平至平展，边缘平滑无沟纹。菌幕残余圆锥状到角锥状，白色。菌肉白色，较厚。菌褶离生近离生，白色至米色，不等长，密度中。菌柄长 5.5 ～ 12.0 cm ，直径 1.5 ～ 3.5 cm，近圆柱形，向上逐渐变细，白色，被白色絮状到粉末状鳞片，内部实心，颜色白色，基部膨大，上半部被有白色疣状到颗粒状的菌幕残余，排列成环带状。菌环颜色白色，膜质，上表面有辐射状细沟纹，下表面有疣状到锥状小凸起。担孢子，宽椭圆形到椭圆形。

有毒。

生态环境

夏秋季生于针叶林或针阔混交林中地上单生或散生。

12. 苞脚鹅膏
Amanita volvata (Perk) Martin

生物特征

子实体中等大。菌盖直径4.5～11.0 cm，幼时半球形，成熟后近扁平，污白色，表皮裂为丛毛状鳞片。菌肉白色，稍厚。菌褶密，白色至淡黄色，离生，不等长。菌柄长5.5～12.0 cm，直径0.5～1.0 cm，圆柱形，有絮状白鳞片。菌托褐色，且厚而大，偶有破碎附着于菌盖。孢子光滑，椭圆形。

有毒。

生态环境

夏秋季于林地上单生或群生。

13. 环纹鹅膏
Amanita zonata Y. Y. Cui, Q. Cai & Zhu L. Yang

生物特征

子实体中等大至大型。菌盖直径 5.5 ～ 6.5 cm，形状平展，表面灰黑色，边缘沟纹不明显、深灰色，边缘有条纹，黏，似有黑灰色小颗粒。菌肉白色，较厚。菌褶密，白色，直生。菌柄长 11 ～ 15 cm，直径 0.4 ～ 0.9 cm，白色，下半部被有灰色至浅灰色纤丝状鳞片，空心，基部明显膨大。

生态环境

夏秋季于阔叶林地上单生或散生。

14. 粒表金牛肝菌
Aureoboletus roxanae (Frost) Klofac

生物特征

子实体中等大至大型。菌盖直径 9 ～ 12 cm，黄色，不黏，形状平展，非水浸状。菌肉黄色，无气味，菌管多角形。菌柄长 14 ～ 16 cm，直径 1.5 ～ 2.0 cm，颜色为浅黄色，肉质，有纤毛，实心，基部明显膨大。

生态环境

春夏季于针阔混交林地上单生或散生。

15. 毛黑木耳

Auricularia nigricans (Sw.) Birkebak, Looney & Sánchez-García

生物特征

子实体小型至中等大。菌盖直径 5 ～ 12 cm，厚 0.5 ～ 1.0 mm，革质，下表面粗糙呈杯状或浅杯状，有细脉纹或棱，新鲜时红褐色，干时黄褐色或暗绿褐色。子实层表面光滑，担子棒状。孢子腊肠形，无色。无柄或近有柄。

可食用。

生态环境

春夏季于阔叶树腐木上单生或群生。

16. 东方耳匙菌
Auriscalpium orientale P. M. Wang & Zhu L. Yang

生物特征

子实体较小至中等大。菌盖直径 1 ～ 2 cm，边缘浅棕色，中央深棕色，形状似侧耳状，上部有纤毛。菌管白色至浅棕色，外部有刺。菌柄长 5.8 ～ 7.0 cm，直径 0.2 ～ 0.3 cm，深棕色，肉质，有纤毛，实心，基部稍膨大。

木腐菌。

生态环境

春夏季于混交林地上散生或单生。

17. 烟管菌
Bjerkandera adusta (Wild.) P. Karst

生物特征

子实体较小。一年生，无柄。菌盖直径 2.5 ～ 6.0 cm，厚 0.2 ～ 0.5 cm，软革质，成熟后逐渐变硬，半圆形，表面淡黄色、灰色至浅褐色，有绒毛，表面近光滑或稍有粗糙，无环纹，边缘薄，波浪形，变黑。菌肉薄，软革质，干后脆，纤维状，白色至灰色。菌管黑色，管孔面烟色，逐渐变为鼠灰色，孔口圆形近多角形。担孢子椭圆形。

可药用。

生态环境

春夏季于伐桩、枯立木、倒木上覆瓦状排列。

18. 双色牛肝菌

Boletus bicolor Raddi (Kuntze) G. Wu, Halling & Zhu L. Yang, in Wu

生物特征

子实体中等大至大型。菌盖直径 4.5 ~ 12.5 cm，中央突起呈半球形，表面干燥，不黏，盖缘全缘，深苹果红色、深玫瑰红色、红褐色或黄褐色。菌肉黄色，坚脆，伤后渐渐变蓝，而后还原。菌管长 0.6 ~ 1.0 cm，蜜黄色，柠檬黄色，成熟后多有污色斑，近污红色。菌柄长 3.5 ~ 8 cm，直径 0.8 ~ 2.5 cm，上下等粗，圆柱形，基部渐膨大，表面光滑，上部黄色，下部渐呈苹果红色，菌柄肉色与盖菌肉色同。孢子印橄榄褐色。

可食用。

生态环境

夏秋季于针叶林地上单生或群生。

19. 血红绒牛肝菌
Boletus flammans E.A. Dick & Snell

生物特征

子实体中等至大型。菌盖直径 3.5 ～ 12.0 cm，幼时钟形，成熟后扁球形，幼时深红或褐红色，湿时粘，似绒毛至有小颗粒状绒毛或呈斑块状纹毛。菌肉浅黄色，伤处变青蓝色，厚。菌管红色，管孔黄色，凹生，伤处变青蓝色。菌柄长 4 ～ 8 cm，直径 0.8 ～ 2.0 cm, 同菌盖色，伤处变青蓝色，基部稍膨大，多浅黄，实心。孢子浅褐黄色光滑，近柱状椭圆形或椭圆形。

可食用。

生态环境

夏秋季于针阔混交林地上单生或散生。

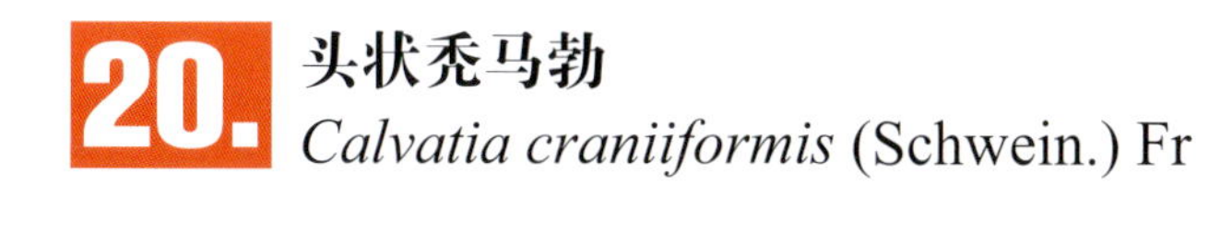

20. 头状秃马勃

Calvatia craniiformis (Schwein.) Fr

生物特征

子实体小至中等大。外形似陀螺形，高 5 ～ 10 cm，直径 4 ～ 6 cm，不孕基部发达。包被两层，均薄质，紧贴在一起，淡茶色至酱色，初期具微细毛，逐渐光滑，成熟后上部开裂并成片脱落。

幼时可食，成熟后可药用。

生态环境

夏秋季于阔叶林中地上单生或散生。

21. 锐棘秃马勃
Calvatia holothurioides Rebriev

生物特征

子实体小型至中等大。外形似陀螺形，高 3~5 cm，直径 3.5 ～ 4.5 cm，幼嫩时浅红褐色，成熟后变为灰黄色至深黄色，干后变为橙黄色至黄褐色，初时表面光滑，后稍皱，外包被薄、脆、橙黄色至黄褐色、稍皱。孢子球形、椭球形或卵形。

生态环境

夏秋季于阔叶林中地上单生或散生。

22. 黄盖小脆柄菇
Candolleomyces candolleanus (Fr.) D. Wächt. & A. Melzer

生物特征

子实体小型。菌盖直径 2.5 ～ 6.5 cm，幼时钟形，成熟后伸展常呈斗笠状，水浸状，初期浅蜜黄色至褐色，干时变为污白色，顶部黄褐色，幼时盖缘附有白色菌幕残片、成熟后逐渐脱落。菌肉白色，较薄，味暖。菌褶密，污白、灰白色至褐紫灰色，直生，褶缘污白粗糙，不等长。菌柄细长，白色，质脆易断，圆柱形，有纵条纹或纤毛，菌柄长 5 ～ 10 cm，直径 0.2 ～ 0.5 cm，稍弯曲，中空。孢子印暗紫褐色。孢子椭圆形。

可食用。

生态环境

夏秋季于针阔混交林地上群生或丛生。

23. 反卷拟蜡孔菌
Ceriporiopsis semisupina C. L. Zhao, B. K. Cui & Y. C. Dai

生物特征

子实体成片丛生。一年生，长可达 6 cm，宽可达 4 cm，厚约 3 mm，平伏至平伏反卷，新鲜时较软，无臭无味，干后硬、脆，蜡质。菌盖表面浅黄色，光滑无毛，边缘纯。孔口表面初期橄榄色至浅褐色，逐渐呈红褐色至深褐色，孔口圆形至多角形。

生态环境

生长在阔叶树倒木上，丛生。

24. 绿盖裘氏牛肝菌
Chiua virens (W. F. Chiu) Yan C. Li & Zhu L. Yang

生物特征

子实体小型至中等大。菌盖直径 1.5 ～ 6.0 cm，半球形或扁半球形至近平展，幼时暗绿色或暗草绿色，老后深姜黄色至芥黄色，常有黄橄榄色鳞片且后期表皮龟裂明显。菌肉淡黄色，稍厚。菌管浅刚果红色，长达 2 mm，离生，管口直径 1 ～ 2 mm，与菌管同色，近圆形。菌柄长 2.5 ～ 8.5 cm，直径 0.7 ～ 1.5 cm，淡青黄色或松黄色，并有黄橄榄色条纹，有时部分带红，基部带黄色或金黄色，实心。孢子淡橄榄色，椭圆形。

可食用。

生态环境

夏秋季于针叶林地上单生或群生。

25. 鸡油菌属中的一种

Cantharellus applanatus D. Kumari, Ram. Upadhyay & Mod. S. Reddy

生物特征

子实体小型。菌盖直径 2.5 ～ 7.0 cm，肉质，形似喇叭形，杏黄色至蛋黄色，初期扁平，成熟后下凹。菌肉黄色，薄。菌褶稀，延生，黄色，不等长。菌柄白黄至浅黄色，长 2.5 ～ 4.0 cm，直径 0.6 ～ 1.5 cm，上黄下白，空心，脆骨质，有绒毛，基部稍膨大。

生态环境

夏秋季于针阔混交林地上散生。

26. 血红铆钉菇

Chroogomphus rutilus (Schaeff.) O. K. Mill

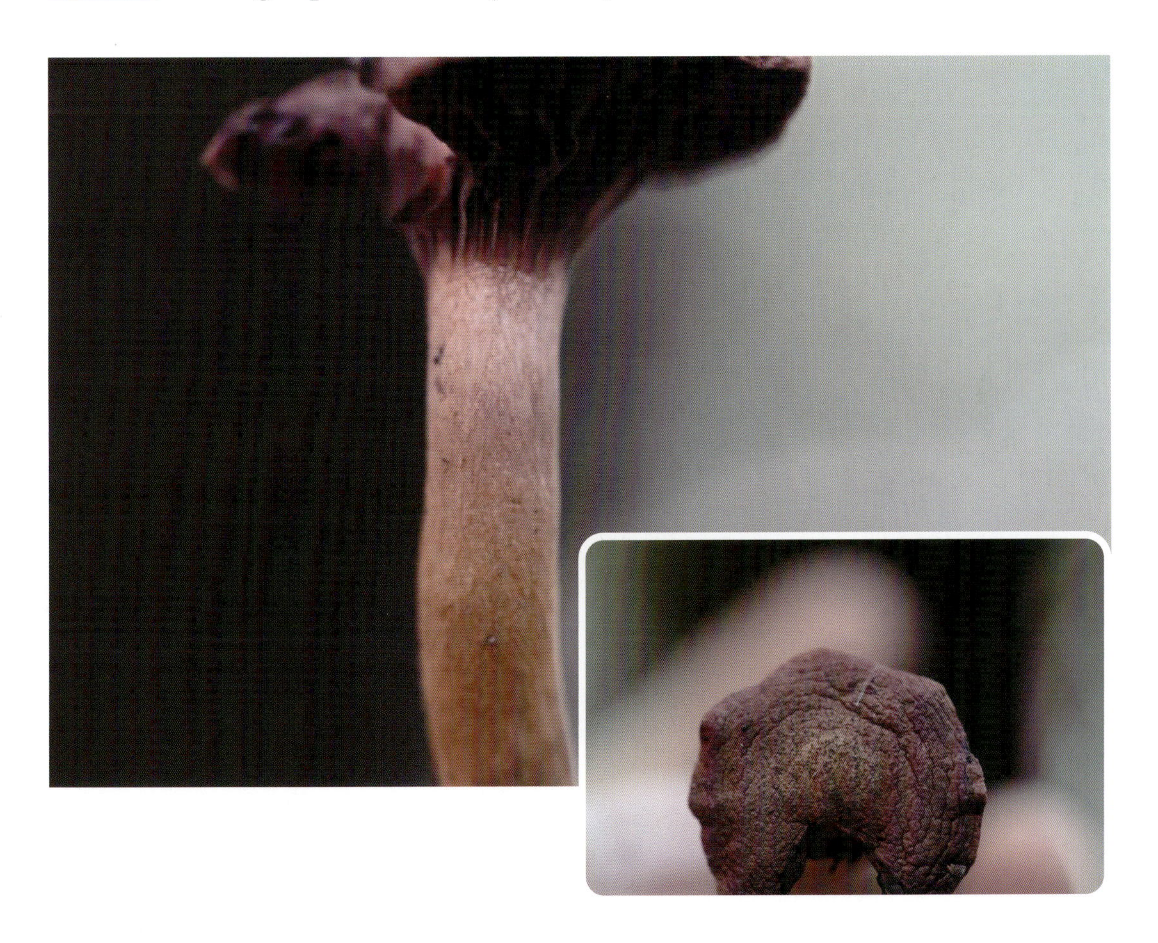

生物特征

子实体一般较小。菌盖直径3.5～7.5 cm，初期钟形或近圆锥形，成熟后平展，中部凹陷，浅咖啡色，湿时黏，干时有光泽。菌肉较厚，红色，干后淡紫红色。菌褶稀，延生，青黄色变至紫褐色，不等长。菌柄长4.5～8.0 cm，直径1～2 cm，圆柱形，上粗下细，与菌盖色相近且基部带黄色，实心。上部往往有易消失的菌环。

食药用。

生态环境

夏秋季于阔叶林中地上散生或群生。

27. 梭形拟锁瑚菌
Clavulinopsis fusiformis (Sowerby) Corner

生物特征

子实体小型。往往从基部分叉成2～3枝生长，淡黄色，棒状，上部微细稍尖，子实体实心，韧质，气味较淡近乎无。

生态环境

夏秋季于阔叶林中地上散生或群生。

28. 多色杯伞
Clitocybe subditopoda Peck

生物特征

子实体中大型。菌盖直径 3 ～ 5 cm，边缘无条纹，白色，表面分布有棕色纤毛，呈漏斗状，非水浸状。菌肉白色。菌褶较密，浅棕色，直生，不等长。菌柄长 6 ～ 8 cm，直径 0.5 ～ 1.0 cm，空心，脆骨质，基部稍膨大。

生态环境

夏秋季于混交林地上单生或散生。

29. 锥盖伞属中的一种
Conocybe leptospora Zschiesch

生物特征

子实体小型。菌盖直径 1 ～ 3 cm，伞状至钟形，中央深棕色，边缘棕色、无条纹，非水浸状。菌肉浅黄棕色。菌褶较密，浅棕色，弯生近离生，不等长。菌柄长 5 ～ 8 cm，直径 0.5 ～ 0.8 cm，空心，圆柱形，脆骨质，基部稍膨大。

生态环境

夏秋季于混交林地上单生或散生。

30. 兰氏拟鬼伞

Coprinopsis laanii (Kits van Wav.) Redhead, Vilgalys & Moncalvo

生物特征

子实体小型。初期卵形，成熟后稍展开，钟帽状，直径 0.2 ～ 0.4 cm，菌盖灰黑色，上面覆盖着白色绒毛，不黏，边缘具有长沟纹。菌肉薄，白色。菌褶密，灰黑色，不等长，离生近离生。菌柄细长，中生，圆柱形，灰白色，中空，长 3.5 ～ 5 cm，直径 0.2 ～ 0.4 cm，菌柄上被有白色绒毛。

生态环境

生于阔叶混交林地上单生或散生。

31. 丝膜菌属中的一种

Cortinarius subrufus San-Fabian, Niskanen & Liimat.

生物特征

子实体小型。菌盖直径 0.8 ～ 1.5 cm，中央深棕色，不黏，边缘橙棕色、具有长条纹。菌肉薄，白色。菌褶密，浅黄色，不等长，离生近弯生。菌柄细长，中生，圆柱形，上细下粗，灰白色，中空，长 3 ～ 5 cm，直径 0.2 ～ 0.5 cm，菌柄上被有白色绒毛。

生态环境

夏秋季生于阔叶混交林地上单生或散生。

32. 铜色牛肝菌

Cupreoboletus poikilochromus (Pöder, Cetto & Zuccher) Simonini, Gelardi & Vizzini

生物特征

子实体中等至大型。菌盖直径 4 ～ 12 cm，半球形至扁半球形，表面灰褐色至深栗褐色，具微细绒毛或光滑，不黏。菌肉近白色，较厚，受伤处有时带红色或淡黄色。菌管白色至淡粉红色，近直生至近离生。管口直径 0.4 ～ 0.8 mm，灰白色，单孔，圆形。菌柄圆柱形，上细下粗或上下等粗，长 4.5 ～ 10 cm，直径 1.5 ～ 4 cm，近似菌盖色，表面有深褐色粗糙网纹，实心，肉质。孢子长椭圆形近梭形。

可食用。

生态环境

夏秋季生于林中地上单生或散生。

33. 任氏黑蛋巢菌
Cyathus renweii T. X. Zhou et R. L. Zhao

生物特征

子实体倒圆锥形或杯形，高 0.8 ～ 1.0 cm，口部宽 0.4 ～ 0.6 cm，基部菌丝垫不明显。包被外侧浅褐色、污棕黄色，被有粉黄色、浅黄色至肉色的短毛，可结成小簇，纵条纹仅在靠口部处，不明显；内侧灰白色、浅灰色，纵条纹明显，口源具流苏，同外侧毛的颜色，小包扁圆，浅灰至灰色。

可药用。

生态环境

夏秋季散生于枯枝上。

34. 粗糙拟迷孔菌
Daedaleopsis confragosa (Bort. : Fr.)Schroet

生物特征

子实体中等至较大型。菌盖直径 3.5 ～ 12.0 cm，宽 2 ～ 8 cm，厚 1.5 ～ 3.0 cm，无柄，半圆形、扇形、肾形，叠生，边缘薄，污白色或黄褐色，具有红褐色同心环纹。菌肉白色至淡粉色。管孔长 0.5 ～ 1.5 cm，近黄褐色。孢子无色，柱状。

可药用。

生态环境

夏秋季于腐木上群生或叠生。

35. 粪生黄囊菇
Deconica merdaria (Fr.) Noordel.

生物特征

子实体小型至中等大。菌盖直径 2 ～ 4 cm，半球形，锥形至凸镜形或近平展，白色偏棕色，不黏，非水浸状。菌褶密度中等，深褐色，直生或近延生，不等长。菌柄具明显或不明显的菌环或环痕，长 3.5 ～ 6.5 cm，直径 1.5 ～ 2.5 cm，白偏棕，脆骨质，空心，基部稍膨大。孢子正面亚六角形或六角形。

生态环境

春秋季于食草动物粪上单生或散生。

36. 粉褶菌属中的一种
Entoloma gregarium Xiao L. He & E. Horak

生物特征

子实体小型。菌盖直径 2 ～ 5 cm，半球形，中央具乳突，棕色，不黏，非水浸状。菌褶稀，黄色，直生或近弯生，不等长。菌柄长 3.5 ～ 10.5 cm，直径 0..2 ～ 0.8 cm，淡黄色，脆骨质，空心，被有鳞片，基部稍膨大。

生态环境

春秋季于针阔混交林地上单生或散生。

37. 默里粉褶蕈

Entoloma murrayi (Berk. & M. A. Curtis) Sacc. & P. Syd.

生物特征

子实体小型。菌盖直径 2 ～ 4 cm，斗笠形至圆锥形，顶部具显著长尖突或乳突，光滑或具纤毛，成熟后略具丝状光泽，具条纹或浅沟纹，浅黄色至黄色或鲜黄色。菌肉薄，近无色。菌褶较稀，宽达 5 mm，直生或弯生，白色，不等长。菌柄长 2 ～ 6 cm，直径 0.2 ～ 0.8 cm，上棕下白，脆骨质，空心，具有假根。

生态环境

春夏季于针阔混交林地上单生或散生。

38. 小菇状粉褶蕈
Entoloma mycenoides (Hongo) Hongo

生物特征

子实体小型。菌盖直径 2 ～ 3 cm，斗笠形至圆锥形，顶部具乳突，光滑或具纤毛，成熟后略具丝状光泽，浅黄色至黄色，不黏，非水浸状。菌肉薄，近无色。菌褶较密，直生或弯生，白色至淡黄色，不等长。菌柄长 3 ～ 8 cm，直径 0.2 ～ 0.4 cm，同菌盖色，脆骨质，中空，基部稍膨大。

生态环境

春夏季于针叶林地上单生或散生。

39. 日本粉褶蕈

Entoloma nipponicum T. Kasuya, Nabe, Noordel. & Dima

生物特征

子实体小型。菌盖直径 1 ～ 4 cm，灰白色，不黏，平展，中央凹陷，边缘深蓝色、有纵条纹，非水浸状。菌肉白色，无气味。菌褶较密，直生近延生，不等长，白色。菌柄长 5 ～ 10 cm，直径 0.2 ～ 0.5 cm，灰白色，上细下粗，空心，脆骨质，基部稍膨大。

生态环境

夏秋季于针叶林地上单生或散生。

40. 方形粉褶蕈

Entoloma quadratum (Berk. & M. A. Curtis)E. Horak

生物特征

子实体小型。菌盖直径 1.5 ～ 5.5 cm，初期斗笠形至圆锥形，成熟后平展，中央具明显尖突或乳突，菌盖表面橙黄色、橙红色至橙褐色，具直达菌盖中部的条纹。菌肉薄。菌褶较稀，与菌盖同色，直生至弯生，不等长。菌柄长 4.5 ～ 10.0 cm，直径 0.2 ～ 0.5 cm，圆柱形，与菌盖同色，具丝状细条纹，中空，基部稍膨大。

剧毒。

生态环境

夏秋季于针阔叶林中地上单生或散生。

41. 粉褶蕈属中的一种

Entoloma yanacolor Barili, C. W. Barnes & Ordonez

生物特征

子实体小型至中等大。菌盖直径 5 ～ 12 cm，平展，中央稍凹陷，棕色，不黏，边缘无条纹。菌肉薄，白色。菌褶密，淡粉色，直生近延生，不等长。菌柄长 4 ～ 8 cm，直径 0.3 ～ 0.9 cm，圆柱形，白色，空心，肉质，基部明显膨大。

生态环境

夏秋季于混交林中地上单生或散生。

42. 肿黄皮菌

Fulvoderma scaurum (Lloyd) L. W. Zhou & Y. C. Dai

生物特征

子实体中等大。多年生，无柄盖形至平伏反卷，单生或数个聚生，木栓质。菌盖形状不规则，外伸可达 3 ～ 5 cm，宽可达 6 ～ 10 cm，基部厚可达 2 cm。表面黄色至暗黄色，不光滑。边缘钝或锐，白色。孔口表面白色，管里褐色。

生态环境

夏秋季于腐木上散生或叠生。

43. 赤芝
Ganoderma lucidum (Curtis) P. Karst

生物特征

子实体小型至中大型。菌盖直径 6 ～ 12 cm，厚 1 ～ 2 cm，木栓质，半圆形或肾形，皮壳坚硬，初期黄色，渐变成红褐色，有光泽，具环状棱纹和辐射状皱纹，边缘薄，常稍内卷。菌盖下表面的菌肉白色至浅棕色，由无数菌管构成。菌管内有多数孢子。菌柄侧生，长 6 ～ 19 cm，直径 0.8 ～ 2 cm，红褐色，有漆样光泽。

可药用。

生态环境

夏秋季生长于阔叶树木桩旁散生。

44. 绒皮地星
Geastrum velutinum Morgan

生物特征

子实体中型至大型，扁球形、卵形，直径为 1.5 ～ 2.5 cm，高 1.5 ～ 3.0 cm，顶具小脐突或短喙，基部具菌丝簇，外包被有草黄色、肉色、土黄色绒毛，且纠结成毛毡状。肉质层较厚，浅烟草棕色、棕色、茶褐色至暗栗色、近黑色，与纤维层贴生，裂片上的则沿裂片边缘收缩或呈横纹状或不规则开裂。纤维层淡草黄色、暗奶油色、沙土色至浅棕黄色，往往与菌丝体层分离，表面较平滑或多有纵皱纹。

可药用。

生态环境

夏秋季于地上散生或群生。

45. 深褐褶菌
Gloeophyllum sepiarium (Wulfen) P. Karst

生物特征

子实体小型至中等大。一年生或多年生。无柄或柄极短，覆瓦状叠生，革质。菌盖扇形，外伸 3.5 ～ 5 cm，宽 8 ～ 12 cm，基部可达 5 mm 厚，表面黄褐色至黑色，粗糙，具瘤状突起，具明显的同心环纹和环沟。菌褶锈褐色至深咖啡色，宽 0.1 ～ 0.5 cm，极少相互交织，深褐色至灰褐色，初期厚，渐变薄，波浪状。孢子圆柱形。

可药用。

生态环境

夏秋季生于针叶树的倒木上。

46. 金黄裸柄伞
Gymnopus aquosus (Bull.) Antonín & Noordel.

生物特征

子实体小型。菌盖直径 0.4 ～ 1.4 cm，幼时凸镜形，成熟后渐平展，金黄色，中部颜色较深，表面光滑，边缘水渍状，非水浸状。菌肉薄，浅黄色，伤不变色。菌褶较密，直生至近延生，浅黄色，不等长。菌柄长 3 ～ 9 cm，直径 0.5 ～ 1.5 cm，圆柱形，中生，微弯曲，中空，脆骨质，基部稍膨大。

生态环境

夏秋季于针阔混交林地上单生、散生。

47. 栎裸角菇
Gymnopus dryophilus (Bull.) Murrill

生物特征

子实体小型。菌盖直径 1.5 ～ 5.5 cm，初期半球形，成熟后逐渐平展，光滑，黏，淡黄白色或淡土黄色，中部带黄褐色，周围色淡或白色。菌肉薄，近白色或浅黄白色。菌褶密，白色，不等长，褶缘平滑或有小锯齿。菌柄长 3.0 ～ 6.5 cm，直径 0.3 ～ 0.5 cm，圆柱形，基部稍膨大，淡黄白色或淡土黄色，基部褐色。

有毒。

生态环境

夏秋季于针阔混交林地上群生。

48. 臭味裸柄伞

Gymnopus dysodes (Halling) Halling

生物特征

子实体中等大。菌盖直径 1.5 ～ 3.5 cm，平展，光滑、不黏，边缘红褐色，中部灰色，非水浸状。菌肉薄，近白色或浅黄白色。菌褶密度中等，灰色，离生，不等长，褶缘平滑。菌柄长 2 ～ 7 cm，直径 0.2 ～ 0.5 cm，圆柱形，基部稍膨大，淡灰白色或淡土黄色，基部白色，中空，脆骨质。

生态环境

夏秋季于腐木上散生。

49. 鸟巢裸柄伞

Gymnopus nidus-avis César, Bandala & Montoya

生物特征

子实体小型，细长，实心，较硬，硬度大，革质。一年生，由枯木上生出，白色偏淡黄色。一根子实体可达数米长，交错生长。

生态环境

夏秋季于阔叶林枯木上散生或群生。

50. 近裸脚伞

Gymnopus subnudus (Ellis ex Peck) Halling

生物特征

子实体小型至中等大。菌盖直径4.5～9.5 cm，成熟后逐渐平展，中央稍凹陷，光滑，不黏，棕色，中部深棕色，周围色淡，边缘有纵条纹，非水浸状。菌肉薄，近白色。菌褶稀，棕色，不等长。菌柄长3～9 cm，直径0.3～0.8 cm，圆柱形，脆骨质，空心，基部稍膨大，淡土黄色。

生态环境

夏秋季于针阔混交林地上散生或群生。

51. 铅色短孢牛肝菌
Gyrodon lividus (Bull. : Fr.) Sacc

生物特征

子实体中等至较大，肉质。菌盖直径 4 ~ 10 cm，褐灰色，青褐色至暗褐红色，表面粗糙似有绒毛，边缘向内卷曲。菌肉黄白色，伤处变蓝色。菌管延生，黄绿褐色至青褐色，辐射状排列，管口大小不等，多角形。菌柄短，长 2 ~ 6 cm，直径 0.4 ~ 0.8 cm，较菌盖色浅，实心，表面近光滑。孢子带黄色，近圆球形至宽卵圆形。

可食用。

生态环境

夏秋季于针叶林或针阔混交林中地上散生或群生。

52. 褐圆孔牛肝菌

Gyroporus castaneus (Bull.) Quél

生物特征

子实体小至中等大。菌盖直径 2 ～ 6 cm，扁半球形，成熟后渐平展下凹，淡红褐色至深咖啡色，不黏，有细微的绒毛。菌肉较厚，白色。菌管白色，后变淡黄色，离生近离生。菌柄长 3 ～ 10 cm，直径 0.5 ～ 2.5 cm，圆柱形，与菌盖同色，有微绒毛，上细下粗，空心。孢子印淡黄色。孢子近无色，椭圆形。

有毒。

生态环境

夏秋季于针阔混交林中地上单生或丛生。

53. 湿伞属中的一种

Hygrocybe rubroconica C. Q. Wang & T. H. Li

生物特征

子实体小至中等大。菌盖直径 1 ～ 5 cm，扁半球形至钟形，中央凸起，光滑，深红色或暗橙色，不黏，水浸状。菌肉薄，白色。菌褶稀，淡黄色，不等长，直生或弯生。菌柄长 4 ～ 10 cm，直径 0.5 ～ 1.5 cm，圆柱形，上橙下白，等粗，空心，脆骨质。

生态环境

夏秋季于针阔混交林中地上单生或散生。

54. 二孢拟奥德蘑
Hymenopellis raphanipes (Berk.) R. H. Petersen

生物特征

子实体中大型。菌盖直径 1.5 ～ 5 cm，幼时平展，老后边缘上翘或向下弯曲，中央常有裂口、深黑色，灰色，具黑褐色鳞片。菌肉厚，白色。菌褶密，近白色至白色，蜡质，易碎，不等长，延生。菌柄长 5 ～ 15 cm，直径 0.2 ～ 0.9 cm，近圆柱形，基部稍膨大，污白色至浅灰色。

可食用。

生态环境

夏秋季在阔叶林中腐木上单生或散生。

55. 簇生垂幕菇
Hypholoma fasciculare (Huds.) P. Kumm.

生物特征

子实体小型至中大。菌盖直径 1.5 ～ 5 cm，初期圆锥形至钟形，成熟后近半球形至平展，中央钝至稍尖，硫黄色至盖顶稍红褐色至橙褐色，盖缘硫黄色至灰硫黄色，并吸水至稍水渍状。菌肉厚，淡黄色。菌褶密，直生至近弯生，不等长，初期硫黄色，成熟后变为橄榄紫褐色。菌柄长 1.5 ～ 6 cm，直径 0.2 ～ 0.6 cm，圆柱形，橙黄色，被纤维状鳞片空心，脆骨质。

有毒。

生态环境

夏秋季群生或簇生于林中的腐木上。

56. 丝盖伞属中的一种
Inocybe immigrans Malloch

生物特征

子实体小型。菌盖直径 2 ～ 5 cm，棕色，伞形，边缘有纵条纹，中央盖膜分裂，成熟后边缘内卷。菌肉薄，灰白色。菌褶密度中等，棕色，直生近延生，不等长。菌柄长 4 ～ 10 cm，直径 0.2 ～ 0.8 cm，棕色，肉质，实心，圆柱形，基部稍膨大。

生态环境

夏秋季于阔叶林地上散生或群生。

57. 翘鳞蛋黄丝盖伞

Inocybe squarrosolutea (CornerE. Horak) Garrido

生物特征

子实体小型。菌盖直径 0.5 ～ 3.3 cm，幼时钟形，成熟后渐平展，具钝突起，幼时边缘内卷、后逐渐平展，中部被翘起的粗毛鳞片，向边缘渐为平伏纤维丝状至细缝裂，亮黄色至橘黄色，中部橘黄色至暗褐色。菌褶较密，直生或离生，幼时黄色至橘黄色，成熟后褐色，不等长。菌柄长 3.5 ～ 6.0 cm，直径 0.2 ～ 0.4 cm，上细下粗，圆柱形，基部明显膨大，实心，纤维丝状至环带状、橘黄色鳞片。

有毒。

生态环境

夏季单生或群生于阔叶林内地上。

58. 荫生丝盖伞
Inocybe umbratica Qul Quél.

生物特征

子实体小型。菌盖直径 1.3 ～ 2.6 cm，幼时钟形，成熟后渐平展，中央具明显突起。菌盖表皮橙黄至橙红色，纤维丝状、平滑，不黏。菌盖幼时边缘内卷，后渐平展；老后橙红色表皮破裂或成不规则鳞片状，边缘破损至开裂。菌肉有明显的香甜气味，肉质，乳白色。菌褶密，初期乳白色或乳黄色，后变褐灰色，靠近菌盖边缘的区域带橙红色，直生。菌柄长 2.5 ～ 6.5 cm，直径 0.2 ～ 0.4 cm，实心，乳黄色至水泥灰色，上下等粗，基部球形膨大，膨大处直径 0.3 ～ 0.5 cm，柄顶部被细密白霜，向下渐为褐色霜。

生态环境

夏秋季于阔叶林地上散生或群生。

59. 锦带花纤孔菌

Inonotus weigelae T. Hatt. & Sheng H. Wu

生物特征

子实体小型。子实体多年生，平伏反卷至无柄，木栓质。菌盖外伸可达 6 cm 长、9 cm 宽，基部可达 4 cm 厚，表面暗褐色至近黑色，具有明显的环沟和环区，开裂，边缘钝，橘黄色。孔口表面黄褐色，具折光反应，圆形，每毫米 5 ～ 7 个，边缘薄，全缘。几乎无菌柄。

可药用。

生态环境

于枯立木和腐木上单生或散生。

60. 歧盖伞属中的一种

Inosperma bongardii (Weinm.) Matheny & Esteve-Rav.

生物特征

子实体小型。菌盖直径 2.5 ~ 4.5 cm，灰褐色，被有褐色斑块，老后脱落，非水浸状。菌肉薄，褐色。菌褶密，初期淡灰褐色，后呈褐色，褶边沿白色，直生，不等长。菌柄圆柱形，长 3 ~ 8 cm，直径 0.4 ~ 0.8 cm，肉红色，表皮有小纤毛状鳞片，基部稍膨大，内部实心。孢印褐色。孢子椭圆形。

有毒。

生态环境

夏秋季于针阔混交林中地上单生或群生。

61. 泪褶毡毛脆柄菇

Lacrymaria lacrymabunda (Bull.) Pat.

生物特征

子实体小型至中等大。菌盖直径 1 ～ 3 cm，边缘黄棕色，中央黄褐色，不黏，半球形，表面被有粗糙绒毛，非水浸状。菌肉厚，浅棕色。菌褶密度中等，浅棕色，离生近直生，不等长。菌柄长 4 ～ 12 cm，直径 0.4 ～ 1 cm，浅棕色，圆柱形，纤维质，空心，基部稍膨大。

有毒。

生态环境

夏秋季于草地上散生或群生。

东亚乳菇
Lactarius asiae-orientalis X. H. Wang

生物特征

子实体小至中等大。菌盖直径 5 ～ 9 cm，平展，中部下凹，多呈浅漏斗状，湿时黏，浅棕色，边缘伸展或呈波状。菌肉较厚，浅黄色。菌褶密度中等，浅黄色，不等长，直生近延生。菌柄近圆柱形，长 4.5 ～ 8.5 cm，直径 0.5 ～ 0.8 cm，上部淡黄色，下部淡红色，空心，脆骨质，基部有假根。

生态环境

夏秋季于阔叶林中地上单生或散生。

63. 欧姆斯乳菇
Lactarius oomsisiensis Verbeken & Halling

生物特征

子实体中等大。菌盖直径 3.8 ～ 6.2 cm，幼时边缘内卷，成熟后平展上翘，偶有边缘内收，灰白色，湿时黏。菌肉较厚，污白色。菌褶稀，直生近延生，不等长，橙黄色，分泌白色乳汁。菌柄长 6.5 ～ 10.0 cm，直径 0.5 ～ 1.6 cm，与菌盖同色，圆柱形，空心，脆骨质，上细下粗。

有毒。

生态环境

夏秋季于针阔混交林地上单生或散生。

64. 乳菇属中的一种
Lactarius parallelus H. Lee, Wisitr. & Y. W. Lim

生物特征

子实体小型至中等大。菌盖直径 3.2 ~ 6.5 cm，初期扁半球形，成熟后平展，中央下凹或脐状，表面光滑，湿时黏，浅灰色至灰褐色，边缘初期内卷、后平展上翘。菌肉污白色，乳汁白色，不变色。菌褶稀，直生近延生，不等长，浅灰褐色。菌柄长 2.5 ~ 6 cm，直径 0.5 ~ 1.2 cm，与菌盖同色，圆柱形，有时有窝斑。

有毒。

生态环境

夏秋季于阔叶林地上单生或散生。

65. 近大西洋乳菇
Lactarius subatlanticus X. H. Wang

生物特征

子实体小型至中等大。菌盖直径 1.8 ～ 5.0 cm，初期平展，有乳突，成熟后边缘内卷，中央下凹或脐状，橙色，湿时黏，非水浸状。菌肉橙色，有特殊的气味。菌褶密，直生近延生，不等长，黄色或橙色。菌柄长 3.0 ～ 5.5 cm，直径 0.2 ～ 0.8 cm，与菌盖同色，脆骨质，空心，有假根，基部稍膨大，圆柱形。

生态环境

夏秋季于阔叶林地上单生或散生。

66. 鲜艳乳菇
Lactarius vividus X. H. Wang, Nuytinck & Verbeken

生物特征

子实体中大型。菌盖直径 4 ～ 10 cm，初期扁半球形，成熟后平展，中央下凹或脐状，表面光滑，稍黏，橙黄色、橙红色、肉红色或土黄色，具同心环带，边缘初期内卷、后平展上翘、具条纹。菌肉肉红色、橙黄色，脆，伤后渐变为蓝绿色。菌褶较密，直生近延生，与菌盖同色，伤后变蓝绿色，不等长。菌柄长 3.5 ～ 5.5 cm，直径 0.6 ～ 1.2 cm，与菌盖同色，圆柱形，空心。

可食用。

生态环境

春夏季于松树林地上单生或散生。

67. 多汁乳菇

Lactfiluus volemus (Fr.) Kuntze

生物特征

子实体中等至较大。菌盖直径3.5～8.5 cm，幼时扁半球形，中部下凹呈脐状，伸展后似漏斗状，表面平滑，琥珀褐色至深棠梨色或暗土红色，边缘内卷。菌肉白色，伤处变为褐色。乳汁白色，不变色。菌褶密，白色或带黄色，伤处变褐黄色，直生至延生，不等长。菌柄长2～6 cm，直径0.5～1.0 cm，近圆柱形，上细下粗，表面近光滑，同菌盖色，实心。孢子印白色。孢子近球形。

可食用。

生态环境

夏秋季于针阔叶林中地上散生或群生。

68. 粉绿多汁乳菇
Lactifluus glaucescens Crossl Verbeken

生物特征

子实体中等大。菌盖直径 5 ～ 10 cm，初期扁半球形，成熟后平展，中央下凹呈脐状，白色、污白色至淡黄色，边缘初期内卷、后平展。菌肉白色，伤处有白色乳汁。菌褶密，近延生，不等长，初期白色，后变浅土黄色。菌柄长 2 ～ 5 cm，直径 0.6 ～ 0.8 cm，圆柱形，污白色，空心，脆骨质。

生态环境

夏秋季于混交林中地上散生或群生。

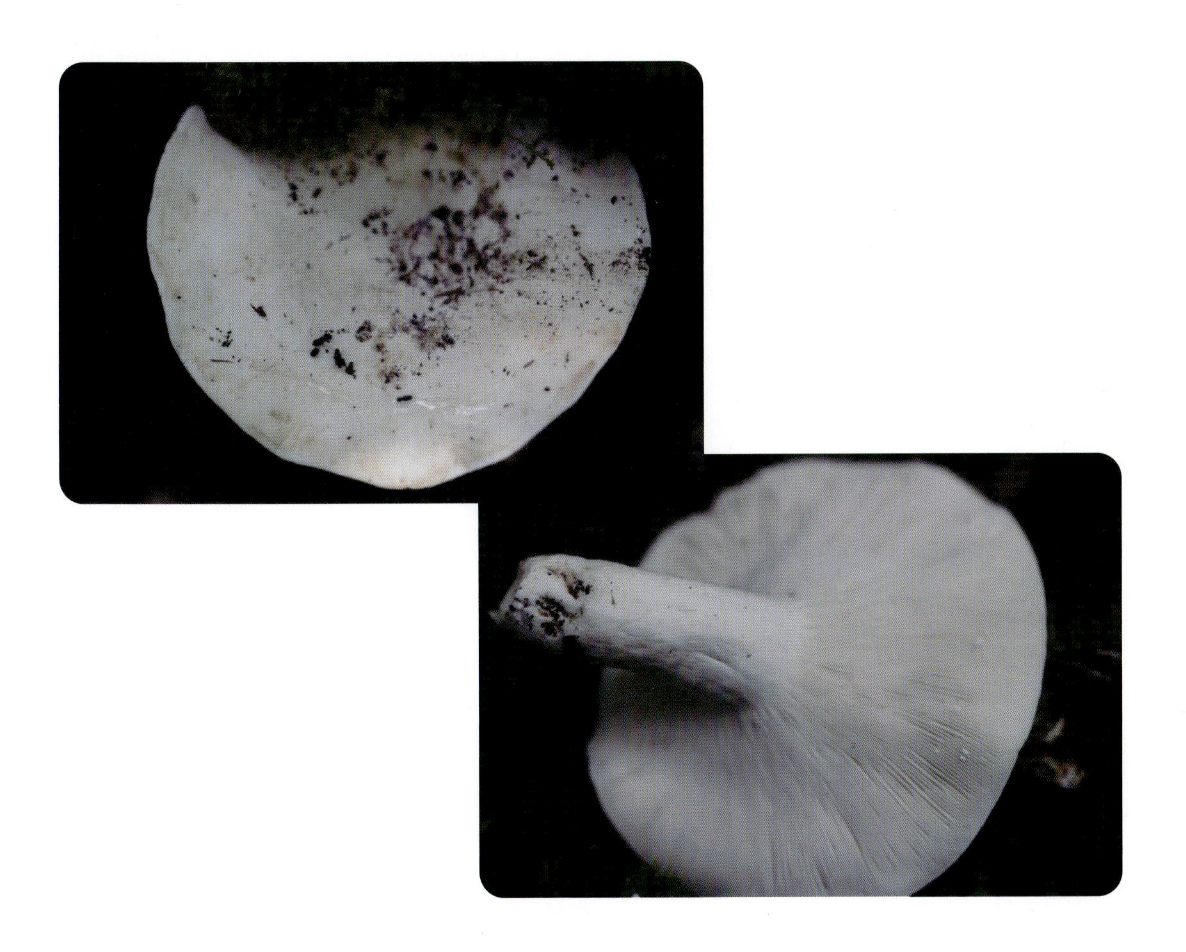

69. 多汁乳菇属中的一种

Lactifluus luteolamellatus H. Lee & Y. W. Lim

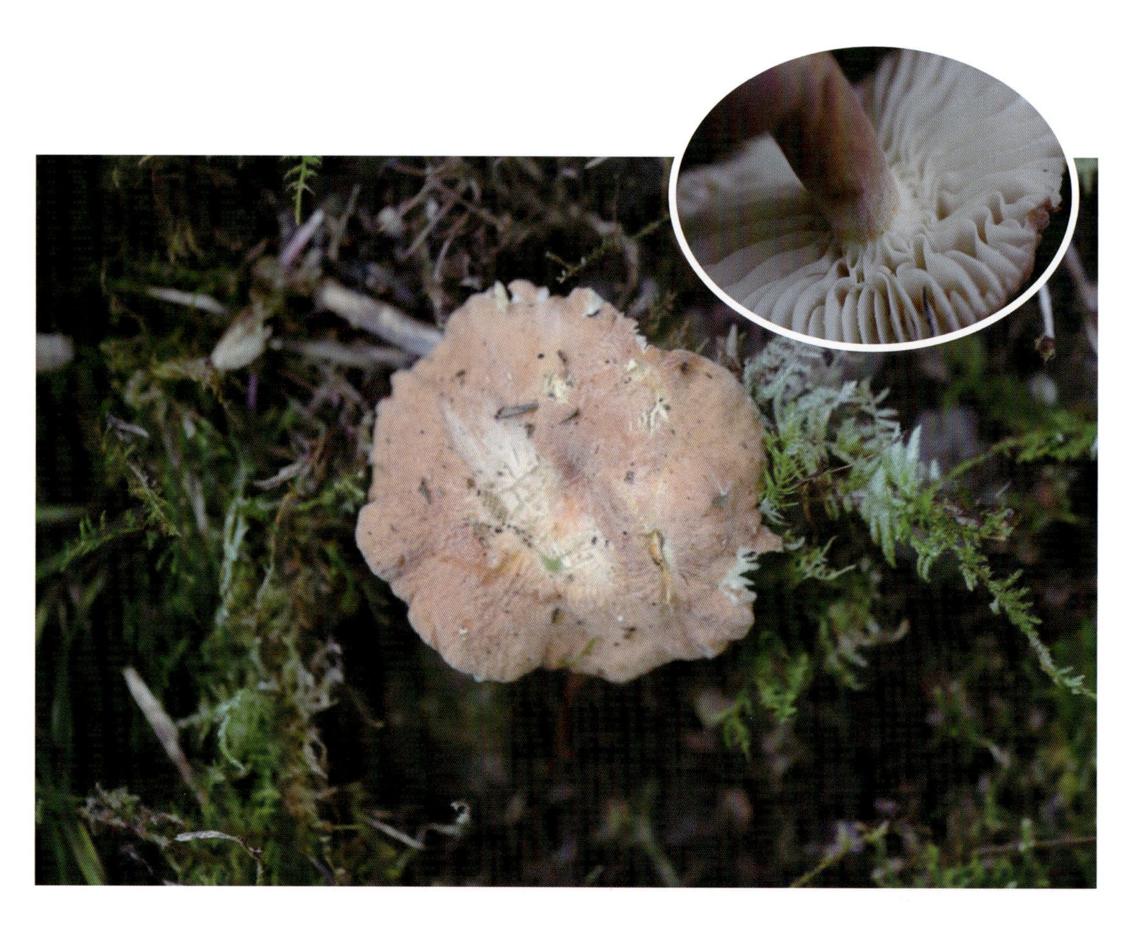

生物特征

子实体中等大。菌盖直径 6 ~ 12 cm，平展，中部有脐状且有沟壑，橙色，不黏，表面覆着有粉末，非水浸状。菌肉较厚，白色，有白色汁液。菌褶密度中等，白色，直生近延生，不等长。菌柄长 4.5 ~ 7 cm，直径 0.3 ~ 1 cm，菌柄橙黄色，被有橙色斑块，脆骨质，空心。

生态环境

夏秋季于混交林地上单生或散生。

70. 长绒多汁乳菇
Lactifluus pilosus (Verbeken, H. T. Le & Lumyong) Verbeken

生物特征

子实体中大型。菌盖直径 5 ～ 14 cm，平展中凹，幼时边缘强烈内卷，表面黄白色，具密集绒毛，不黏。菌肉较厚，奶油白色。菌褶稀，奶油白色，成熟后淡黄褐色，延生，不等长。菌柄长 1.5 ～ 4.5 cm，直径 0.5 ～ 1 cm，圆柱形，上粗下细，表面干，具密集毛绒，白色，空心，脆骨质。乳汁白色，不变色或变淡黄色。

有毒。

生态环境

夏秋季于阔叶林地上单生或散生。

71. 香菇
Lentinula edodes (Berk.) Pegler

生物特征

子实体中大型。菌盖直径 5 ～ 15 cm，呈扁半球形至平展，浅褐色、深褐色至深肉桂色，具深色鳞片，边缘处鳞片色浅或污白色、具毛状物或絮状物，干燥后的子实体有菊花状或龟甲状裂纹，菌缘初时内卷、后平展。菌肉较厚，白色，气味香。菌褶密，白色至淡黄色，不等长，离生近延生。菌柄长 3 ～ 9cm，直径 0.3 ～ 1.2cm，同菌盖色，短粗，纤维质，基部稍膨大。

可食用。

生态环境

夏秋季于腐木上单生或散生。

72. 黑皮环柄菇
Lepiota fuliginescens Murrill

生物特征

子实体小型。菌盖直径 1.0 ～ 3.5 cm，边缘白色至橙色至深棕色，不黏，平展，中央稍凹陷，橙色，被有纤毛，非水浸状。菌肉薄，白色。菌褶密，白色，离生，不等长。菌环位于中部，橙色，单层，膜质，不脱落，不活动。菌柄长 4.5 ～ 7.0 cm，直径 0.2 ～ 1.0 cm，白色，脆骨质，空心，基部稍膨大。

生态环境

夏秋季于混交林地上单生或散生。

73. 网纹马勃

Lycoperdon perlatum Pers

生物特征

子实体小型，倒卵形至陀螺形，高 2.5 ～ 6.5 cm，直径 1.5 ～ 5.5 cm，初期近白色，后变灰黄色至黄色，不孕基部发达或伸长如柄。外包被由无数小疣组成，间有较大易脱的刺，刺脱落后显出淡色而光滑的斑点。孢体青黄色，后变为褐色，有时稍带紫色。孢子球形。

可药用。

生态环境

夏秋季于针阔混交林地上或腐木上群生。

74. 大囊小皮伞

Marasmius macrocystidiosus Kiyashko & E. F. Malysheva

生物特征

子实体小型至中等大。菌盖直径2.5～6.5 cm，初期半球形，成熟后平展上翘，中央凹陷，表面浅黄色，干燥，不黏，非水浸状。菌肉薄，淡黄色。菌褶密度中等，离生近弯生，不等长，淡黄色偏白色。菌柄长1.5～3.5 cm，直径0.2～0.4 cm，圆柱形，中空，上部黄棕色，基部近白色，基部稍膨大。

生态环境

夏秋季于针阔叶混交林落叶层地上单生或散生。

75. 近缘小孔菌
Microporus affinis (Blume & T. Nees) Kuntze

生物特征

子实体小型。一年生，具侧生柄，菌柄长 1 ～ 3 cm，木栓质，实心。菌盖半圆形至扇形，外伸可达 4 ～ 6 cm，宽可达 5 ～ 7 cm，基部可达 2 ～ 4 mm 厚，表面淡黄色至黑色，具明显的环纹和环沟。孔口表面新鲜时白色至奶油色，干后淡黄色至赭石色，圆形。

木腐菌。

生态环境

夏秋季于混交林腐木上散生或群生。

76. 竹林蛇头菌
Mutinus bambusinus sensu Cooke

生物特征

子实体小型，呈蛇状，分为三部分。上部深红色，顶部稍尖，呈圆锥状，网状结构。中部橙色，圆柱形，网状结构。基部乳白色，稍膨大，空心，膜质。

可药用。

生态环境

夏秋季于枯枝上单生或散生。

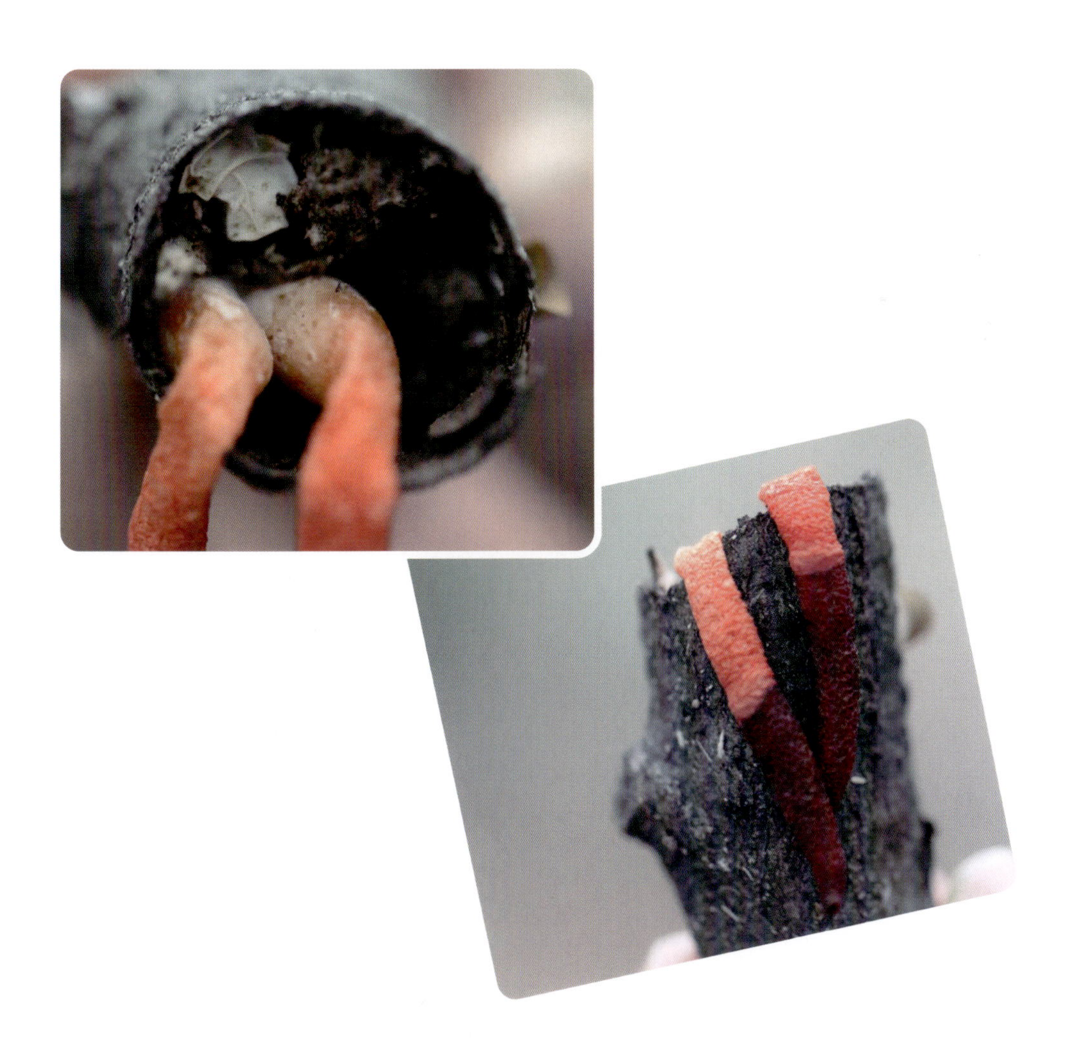

77. 血红小菇

Mycena haematopus (Pers.) P. Kumm.

生物特征

子实体小型。菌盖直径 2.5 ～ 5.5 cm，幼时圆锥形，逐渐变为钟形，具条纹，幼时暗红色，成熟后稍淡，中部色深，边缘色淡且常开裂为较规则的锯齿状，幼时有白色粉末状细颗粒、后变光滑，伤后流出血红色汁液。菌肉薄，白色至酒红色。菌褶密度中等，直生或离生，灰白色，不等长。菌柄长 2 ～ 7 cm，直径 0.3 ～ 0.8 cm，棒状，上部浅棕色，下部深棕色，脆骨质，中空，基部明显膨大。

生态环境

夏秋季于腐木上单生或散生。

78. 叶生小菇
Mycena metata sensu Rea

生物特征

子实体小型。菌盖直径 0.5 ~ 1.8 cm，圆锥形至钟形，边缘有时上卷、具条纹，中央具脐突，光滑或具细小纤毛，水浸状，中央处色深、红棕色或酒红色，向边缘色渐淡，米黄棕色至近红棕色，近边缘处具细小纤毛。菌肉薄，淡棕色，水浸状。菌褶稀，直生至近延生，黄棕色，不等长。菌柄长 8 ~ 15 cm，直径 0.2 ~ 0.4 cm，细长，绿黄色，空心，脆骨质。

生态环境

夏秋季于阔叶林中地上单生或散生。

79. 实心鸟巢菌
Nidularia deformis (Willd.) Fr.

生物特征

子实体小型，似鸟巢，内有数个扁球形的小包。小包黄棕色，光滑，最后变为灰色，由一纤细的、有韧性的绳状体固定于包被中，其表面有一层白色的外膜，后期变为白色，外膜脱落后变为黑色。内侧光滑、淡黄色。外侧白色偏淡黄色，被有白色绒毛。

生态环境

夏秋季于针阔混交林枯枝上散生或群生。

80. 金盖鳞伞
Phaeolepiota aurea (Bull.) R. Maire ex Konrad & Maubl.

生物特征

子实体中等至大型，黄色。菌盖直径 2.5 ～ 8.5 cm，初期半球形，扁半球形，后期稍平展，中部凸起或有皱，金黄、橘黄色，密布粉粒状颗粒，老后边缘有不明显的条纹。菌肉厚，白色带黄色。菌褶较密，初期白色带黄色，后变黄褐色，直生，不等长，褶皱状或有小锯齿。菌柄长 2 ～ 10 cm，直径 1.5 ～ 3.5 cm，细长，圆柱形，基部膨大，有橘黄至黄褐色纵向排列的颗粒状鳞片。菌环大，膜质，上表面光滑近白色，下表面有颗粒并同菌柄连系在一起，不易脱落。孢子印黄褐色。孢子长纺锤形。

有毒。

生态环境

夏秋季生于针叶林或针阔混交林中地上，有时生长于农田中，散生或群生。

81. 黄脉鬼笔
Phallus flavocostatus Kreisel

生物特征

子实体一般较小，高 6 ～ 10 cm，幼时包裹在白色卵圆形的包里，开裂时菌柄伸长。菌盖直径 0.5 ～ 1.5 cm，呈钟形，有不规则突起的网纹，黄色至亮黄色或橙黄色，具暗绿色黏液，有腥臭气味。菌柄近圆柱形，白黄色或浅黄色，中空呈海绵状。菌托高 2 ～ 3 cm，白色，苞状，厚，孢子无色，长椭圆形。

谨慎食用。

生态环境

夏秋季于林中倒腐木上散生或群生。

82. 多环鳞伞
Pholiota multicingulata E. Horak

生物特征

子实体小型至中等大。菌盖直径 2 ～ 5 cm，初期钟形，成熟后中突至平展，顶端微突，不黏，奶油色至铜棕色，中央深棕色，边缘内卷。菌褶密，浅棕色，直生近离生，不等长。菌柄长 2.5 ～ 5.5 cm，直径 0.3 ～ 0.5 cm，圆柱形，中生，上部白色，下部棕色，中空，基部深棕色。孢子椭圆形，黄棕色。

生态环境

夏秋季于针叶林地树木上单生或散生。

83. 斑盖褶孔牛肝菌

Phylloporus maculatus N. K. Zeng, Zhu L. Yang & L. P. Tang

生物特征

子实体中等大。菌盖直径 3 ～ 6 cm，扁平至平展，褐色至暗褐色，有点状斑纹。菌肉较厚，米色至淡黄色，无伤变色，菌褶稀，延生，黄色，伤后变蓝色，随后缓慢恢复至黄色，不等长。菌柄长 3 ～ 6 cm, 直径 0.3 ～ 0.7 cm，圆柱形，被细小褐色鳞片，空心，基部稍膨大。

生态环境

夏秋季于针叶林地树木上单生或散生。

84. 云南褶孔牛肝菌

Phylloporus yunnanensis N. K. Zeng, Zhu L. Yang & L. P. Tang

生物特征

子实体小型至中等大。菌盖直径 3 ～ 7 cm，扁平至平展，中央常下陷，米色至淡黄色，中央深黄色，密被淡黄色、褐色至红褐色绒状鳞片。菌肉薄，淡黄色。菌褶密，延生，黄色，不等长，伤后变蓝色。菌柄长 4 ～ 8 cm，直径 0.2 ～ 0.6 cm，圆柱形，被黄褐色至红褐色绒状鳞片，基部有淡黄色绒毛。

生态环境

夏秋季于阔叶林地上单生或散生。

85. 黄褐黑斑根孔菌

Picipes badius (Pers.) Zmitr. & Kovalenko

生物特征

子实体小型。菌盖直径 2 ～ 8 cm，厚 2 ～ 3 mm，肾形、近圆形至圆形，基部常下凹，栗褐色，中部色较深，有时表面全呈黑褐色，光滑，边缘薄而锐，波浪状至瓣裂。菌肉白色或近白色，厚 0.5 ～ 2.0 mm。菌柄侧生或偏生，长 2 ～ 5 mm，直径 0.3 ～ 1.3 cm，黑色或基部黑色，初期具细绒毛后变光滑，短粗。菌管延生，长 0.5 ～ 1.5 mm，与菌肉色相似，干后呈淡粉灰色。

生态环境

夏秋季于针阔混交林腐木上单生或散生。

86. 肺形侧耳
Pleurotus pulmonarius (Fr.) Qul Quél

生物特征

子实体小型至中等大。菌盖直径 2 ～ 8 cm，扁半球形至平展，倒卵形至肾形或近扇形，表面光滑，不黏，白色、灰白色至灰黄色，边缘平滑或稍呈波状。菌肉白色，靠近基部稍厚。菌褶密，白色，延生，不等长，无伤变色。菌柄很短或几无，长 0.5 ～ 1.5 cm，直径 0.2 ～ 0.4 cm，白色有绒毛，后期近光滑，内部实心至松软，短粗，上粗下细。孢子无色透明、光滑，近圆柱形。

可食用。

生态环境

夏秋季于阔叶树倒木、枯树干或木桩上丛生。

87. 波扎里光柄菇
Pluteus pouzarianus Singer

生物特征

子实体小型至中等大。菌盖直径 3.5 ～ 4.5 cm，初期近钟形或扁半球形，后渐平展，有时中部稍突；灰棕色至深褐色，有时中部较暗至近黑褐色，有时褪淡灰棕色带担孢子的粉红色，有时边缘色极淡；具丝绢状光泽。菌肉厚，白色，无气味。菌褶较密，离生，不等长，白色。菌柄长 4 ～ 12cm，直径 0.2 ～ 0.6cm，细长，白色，上细下粗，脆骨质，中空。

生态环境

夏秋季于针叶林地上单生或散生。

多变光柄菇

Pluteus varius E. F. Malysheva, O. V. Morozova & A. V. Alexandrova

生物特征

子实体较小至中等大。菌盖直径 2 ～ 6 cm，中央白色被有棕色块鳞，不黏，平展，中央稍凹陷，边缘白色、有条纹，非水浸状。菌肉较厚，白色。菌褶密，浅棕色，离生，不等长。菌柄长 1.5 ～ 3.0 cm，直径 0.2 ～ 0.6 cm，同菌盖颜色，脆骨质，空心，基部稍膨大。

生态环境

夏秋季于混交林腐木上单生或散生。

89. 亮褐柄杯菌
Podoscypha fulvonitens (Berk.) D. A. Reid

生物特征

子实体中等大。菌盖直径 3 ～ 7 cm，白色至淡黄色，不黏，扇形，边缘有辐射状条纹，非水浸状。菌肉薄，白色，透明，有微弱的气味。菌管多角形，外侧淡黄色，管里白色。菌柄长 1.5 ～ 2.5 cm，直径 0.3 ～ 0.8 cm，白色偏淡黄色，肉质，实心，圆柱形。

生态环境

夏秋季于针阔混交林腐败竹笋壳上群生。

90. 莽山多孔菌

Polyporus mangshanensis B. K. Cui, J. L. Zhou & Y. C. Dai

生物特征

子实体小至中等大。菌盖直径 5 ～ 10 cm，中央浅黄色，黏，漏斗形，边缘白色，有条纹，非水浸状。菌肉厚，白色。菌管多角形，白色、黄色或淡黄色。菌柄长 3.5 ～ 6.0 cm，直径 0.2 ～ 1.0 cm，圆柱形，上部白色，基部深棕色，纤维质，实心。

生态环境

春至秋季于阔叶树腐木、枯枝上单生或散生。

91. 绒毛波斯特孔菌
Postia hirsuta L. L. Shen & B. K. Cui

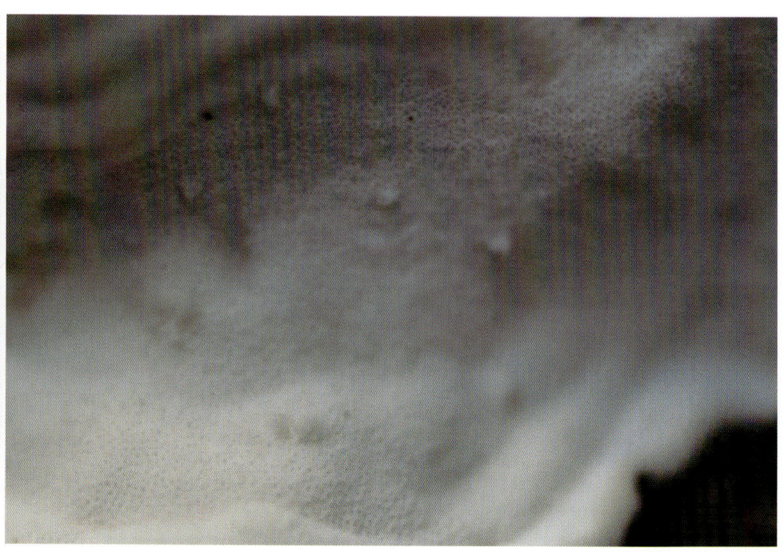

生物特征

子实体中等大。一年生，软木栓质。菌盖扇形，长 3 ～ 6 cm，宽 2 ～ 5 cm，基部可达 2 cm 厚，表面奶油色至淡鼠灰色，具密绒毛，无同心环带，边缘钝，新鲜时白色至奶油色，干后浅黄色。孔口表面新鲜时奶油色，干后浅黄色，圆形至多角形。几乎无菌柄，无气味或较微弱。

生态环境

夏秋季生于混交林腐木上单生或散生。

92. 塞布尔原块菌
Protubera sabulonensis Malloch

生物特征

子实体小型。担子果球形或不规则球形。菌盖半圆，长 1 ～ 3 cm，宽 2 ～ 4 cm，表面奶油色至淡鼠灰色，边缘滑，新鲜时白色至奶油色，干后浅黄色。几乎无菌柄，无气味或较微弱。基部菌索白色丰富，常见为从基部延伸而出，基部小柱不明显，包被两层。

生态环境

夏秋季于混交林中地上单生。

93. 小脆柄菇属中的一种

Psathyrella abieticola A. H. Sm.

生物特征

子实体小型至中等大。菌盖直径 1 ～ 3 cm，斗笠型，表面深棕色偏黑色，边缘有条纹、呈黑色环带，不黏，非水浸状。菌肉薄，白色。菌褶密，黄色，直生近离生，不等长。菌柄长 2.5 ～ 7.5 cm，直径 0.4 ～ 1.2 cm，上细下粗，淡黄色，脆骨质，中空，基部稍膨大。

生态环境

夏秋季于针阔混交林中地上单生或散生。

94. 褐黄小脆柄菇

Psathyrella subnuda (P. Karst.) A. H. Sm.

生物特征

子实体一般较小。菌盖直径 2 ～ 4 cm，半球形至近扁平，近浅黄褐色或淡黄色，表面光滑，边缘有条纹。菌肉薄，污黄色。菌褶密，灰色到暗褐色，近直生，不等长。菌柄上下等粗，长 4.5 ～ 8.5 cm，直径 0.3 ～ 0.5 cm，圆柱形，白色，空心，脆骨质。孢子光滑，椭圆形、柠檬形。

生态环境

夏秋季于阔叶林地上单生或散生。

95. 细顶枝瑚菌

Ramaria gracilis (Pers.) Quél

生物特征

子实体小至中等大，多次分枝且密。高 3 ～ 8 cm，直径 2.0 ～ 5.5 cm，上部分枝较短，下部黄色。顶端近白色，顶端小枝直径 0.1 ～ 0.2 cm，小枝呈齿状，2 ～ 3 个一起，似鸡冠状，下部赭黄色、黄褐色。基部色浅污白，被细绒毛。菌肉厚，白色，质脆。担子长棒状，无色。孢子无色，椭圆形或近似宽椭圆形，浅黄色。

生态环境

夏秋季于针阔混交林林地上成丛单生或群生。

96. 乳酪状红金钱菌
Rhodocollybia butyracea (Bull.) Lennox

生物特征

子实体小至中等大。菌盖直径 2 ～ 5 cm，平展至近扁平，中部钝或突起，白色或污白，平滑无毛，不黏，非水浸状。菌肉较厚，白色，气味温和。菌褶密，直生近离生，白色或带黄色，不等长，褶缘锯齿状。菌柄长 3 ～ 6 cm，直径 0.5 ～ 1.0 cm，圆柱形，细长，近基部常弯曲，具纵长条纹或扭曲的纵条沟，软骨质，内部空心，基部稍膨大。

可食用。

生态环境

夏秋季于阔叶林地上单生或散生。

97. 橙黄红菇

Russula aurantioflava Kiran & Khalid

生物特征

子实体中等大。菌盖直径 4 ～ 8 cm，初期扁半球形，成熟后平展至中部稍下凹，橘红色至橘黄色，中部往往较深或带黄色，老后边缘有条纹。菌肉较厚，白色，近表皮处橘红或黄色，气味好闻。菌褶稍密，淡黄色，等长或不等长，直生至几乎离生，褶间具横脉，近柄处往往分叉。菌柄长 2.5 ～ 5.5 cm，直径 0.8 ～ 1.8 cm，圆柱形，淡黄色或白色或部分黄色，肉质，内部松软后变中空。

食药用。

生态环境

夏秋季于针阔混交林中地上单生或群生。

98. 伯氏红菇
Russula burlinghamiae Singer

生物特征

子实体小型。菌盖直径 2 ～ 6 cm，中央黄色，不黏，平展，中央凹陷，边缘浅黄色、有纵条纹，非水浸状。菌肉较厚，白色。菌褶密，白色至淡黄色，直生，不等长。菌柄长 4.2 ～ 6.5 cm，直径 0.5 ～ 2.0 cm，上部分白色，下部分黄色，脆骨质，空心，被有鳞片，基部稍膨大。

生态环境

夏秋季于针阔混交林中地上单生或散生。

99. 蜡质红菇
Russula cerea (Soehner) J. M. Vidal

生物特征

子实体小至中等大。菌盖直径 2 ～ 6 cm，边缘黄色，中央橙色，幼时帽形，成熟后伞形，不黏，非水浸状。菌肉薄，淡黄色。菌褶密，淡黄色，不等长，离生近直生。菌柄长 4.5 ～ 8.0 cm，直径 0.5 ～ 2.5 cm，圆柱形，脆骨质，空心，白色，被有黄色鳞片，基部稍膨大。

生态环境

夏秋季于针阔混交林中地上单生、散生或群生。

100. 裘氏红菇

Russula chiui G. J. Li & H. A. Wen

生物特征

子实体小至中等大。菌盖直径 2 ～ 4 cm，边缘浅红色，中央深红色，不黏，幼时半球形，成熟后平展上翘，被有块鳞，非水浸状。菌肉白色，厚。菌褶密度中等，白色至乳白色，直生近离生，不等长。菌柄长 2.5 ～ 5.0 cm，直径 0.5 ～ 1.5 cm，白色，脆骨质，空心，基部有假根，稍膨大。

生态环境

夏秋季于针阔混交林中地上单生或散生。

101. 赤黄红菇
Russula compacta Frost

生物特征

子实体中等大。菌盖直径 4 ～ 12 cm，初期扁球形，边缘伸展后中部下凹呈浅漏斗状，浅污土黄色，表面湿时黏。菌肉白色，伤处变红褐色，厚而硬，气味特殊。菌褶密，污白色，伤处变色，近离生，不等长。菌柄长 2.5 ～ 6.5 cm，直径 0.5 ～ 1.0 cm，圆柱形，污白，有纵条纹及花纹，空心，肉质，上细下粗。孢子近球形。

可食用。

生态环境

夏秋季于针阔混交林地上散生或群生。

102. 奶油色红菇

Russula cremicolor G. J. Li & C. Y. Deng

生物特征

子实体中等大。菌盖直径 11 ～ 18 cm，白色至淡黄色，不黏，漏斗状，非水浸状。菌肉厚，白色，有特殊气味，伤处变为绿色。菌褶密，白色至淡黄色，延生，不等长。菌柄长 4 ～ 6 cm，直径 3 ～ 5 cm，白色，短粗，肉质，实心，圆柱形。

可食用。

生态环境

夏秋季于针叶林地上散生或群生。

103. 花盖红菇
Russula cyanoxantha (Schaeff.) Fr.

生物特征

子实体中等至较大。菌盖直径 3.5 ～ 8.5 cm，初期扁半球形，伸展后下凹，颜色多样，暗紫灰色、紫褐色或紫灰色带点绿，老后常呈淡青褐色、绿灰色，往往各色混杂，黏，具不明显条纹。菌肉较厚，白色，表皮淡红色或淡紫色，无气味。菌褶密，白色，直生，分叉或基部分叉，褶间有横脉，老后有锈色斑点，不等长。菌柄长 3 ～ 7 cm，直径 0.8 ～ 1.5 cm，圆柱形，白色，肉质，内部松软至空心。孢子印白色。孢子近球形。

可食用。

生态环境

夏秋季于阔叶林中地上散生至群生。

104. 密褶红菇

Russula densifolia Secr. ex Gillet

生物特征

子实体中等大至大型。菌盖直径 5～12 cm，初期边缘内卷、中央下凹、脐状，成熟后伸展近漏斗状，黏，污白色、灰色至暗褐色。菌肉较厚，白色，伤处变红色至黑褐色。菌褶极密，直生近延生，分叉，不等长，窄，近白色，伤处变红褐色，老后黑褐色。菌柄长 3～6 cm，直径 0.8～1.8 cm，白色，老后棕色，伤处变红色至黑褐色，实心，肉质，实心，圆柱形，上下等粗。

有毒。

生态环境

夏秋季于阔叶林地上单生、散生或群生。

105. 毒红菇
Russula emetica (Schaeff.) Pers.

生物特征

子实体小型至中等大。菌盖直径 3 ～ 9 cm，初期呈扁半球形，后期变平展，老时下凹，黏，光滑，浅粉色至珊瑚红色，边缘色较淡，表皮易剥离。菌肉薄，白色，近表皮处红色，味苦。菌褶较稀，纯白色，弯生，等长。菌柄长 4 ～ 8 cm，直径 0.6 ～ 1.8 cm，圆柱形，白色，中空，脆骨质。

有毒。

生态环境

夏秋季于林中地上单生或散生。

106. 拉汗帕利红菇
Russula lakhanpalii A. Ghosh, K. Das & R.P. Bhatt

生物特征

子实体小至中等大。菌盖直径 2.2 ～ 5.0 cm，淡黄色，不黏，帽形，非水浸状。菌肉白色，有特殊气味。菌褶密，白色，直生，不等长。菌柄长 2.5 ～ 6.0 cm，直径 0.6 ～ 1.5 cm，同菌盖颜色，肉质，实心，圆柱形。

生态环境

夏秋季于针阔混交林地上单生、散生或群生。

107. 拟臭黄菇
Russula laurocerasi Melzer

生物特征

子实体中等至较大。菌盖直径 2 ～ 12 cm，初期扁半球形，成熟后渐平展，中央下凹浅漏斗状，浅黄色、土黄色或污黄褐至草黄色，表面黏滑，边缘有明显的由颗粒或疣组成的条棱。菌肉厚，污白色，有特殊气味。菌褶密，直生至近离生，污白色，往往有污褐色或浅赭色斑点，等长。菌柄长 2.5 ～ 10.0 cm，直径 0.4 ～ 1.5 cm，近圆柱形，中空，表面污白至浅黄色或浅土黄色，上细下粗。孢子近球形。

有毒。

生态环境

夏秋季于阔叶林地上群生或散生。

108. 稀褶黑菇
Russula nigricans (Bull.) Fr

生物特征

子实体中等大至大型。菌盖直径 5 ～ 10 cm，成熟后平展，中央稍下凹，灰褐色，中央褐色，被有大小不一的块鳞，边缘成熟后内卷，湿时黏，水浸状。菌肉污白色，受伤处开始变红色、后变黑色，菌肉较厚。菌褶稀，污白色，直生后期近凹生，不等长，褶间有横脉。菌柄长 2.5 ～ 6.5 cm，直径 0.7 ～ 1.4 cm，短粗，圆柱形，上下等粗，初期污白色，后变黑褐色，内部实心，肉质。孢子近球形。

有毒。

生态环境

夏秋季于阔叶林或混交林地上散生或群生。

109. 斑柄红菇
Russula punctipes Sing

生物特征

子实体中等大。菌盖直径 5.2 ～ 7.0 cm，边缘深棕色，中央深灰色，不黏，斗笠形，边缘无条纹，被有纤毛。菌肉较厚，白色，有特殊气味。菌褶密度中等，白色至淡黄色，延生，不等长。菌柄长 4.5 ～ 6.0 cm，直径 0.8 ～ 1.5 cm，白色，空心，脆骨质。

可食用。

生态环境

夏秋季于针阔混交林地上单生或散生。

110. 罗梅尔红菇
Russula romellii Maire

生物特征

子实体中到大型。菌盖直径 4.5 ～ 12.0 cm，初期半球形，成熟后平展，中部下凹、浅漏斗状至碟状，边缘常内卷、具短条纹，湿时黏，酒红色、淡紫红色至橄榄红，有时褪色至灰白色。菌肉薄，白色，较脆，老后淡黄色，无特殊气味。菌褶较密，直生，褶间具横脉，分叉较多，白色，老后赭色，等长。菌柄长 4 ～ 8 cm，直径 0.6 ～ 1.5 cm，圆柱形，上细下粗，近基部略粗，白色，光滑，初内实、后中空。

可食用。

生态环境

夏秋季于落叶阔叶林或针阔混交林林中地上单生或散生。

111. 红色红菇

Russula rosea Pers.

生物特征

子实体一般中等大。菌盖直径 4 ～ 12 cm，初期钟形，成熟后扁半球形至近平展，中部下凹，粉红色、红色至灰紫红色，中部往往色深，被绒毛，湿时黏，干时有白色粉末，边缘平滑或无条纹。菌肉厚，白色，无气味。菌褶白色，老后黄色，近直生，等长。菌柄长 3.5 ～ 8.5 cm，直径 0.6 ～ 1.2 cm，圆柱形或近棒状，基部稍膨大，白色或带粉紫色，绒状或有条纹。孢子近球形或球形。

可食用。

生态环境

夏秋季于阔叶林地上单生或散生。

112. 红白红菇
Russula rubroalba (Singer) Romagn.

生物特征

子实体一般小至中等大。菌盖直径 8.2 ～ 10.0 cm，白色至淡粉色，不黏，平展且中央凹陷。菌肉较厚，白色。菌褶稀，白色至淡黄色，直生，不等长。菌柄长 3.8 ～ 5.0 cm，直径 1.5 ～ 2.0 cm，白色，圆柱形，空心，脆骨质。

生态环境

夏秋季于混交林地上单生或散生。

113. 亚臭红菇
Russula subfoetens W. G. Sm.

生物特征

子实体中等大。菌盖直径 5.5 ～ 10.0 cm，土黄至浅黄褐色，表面黏滑，扁半球形，平展后中部下凹，往往中部颜色更深为土褐色。菌肉较厚，白色，质脆，具腥臭味。菌褶密，白至浅黄色，常有深色斑痕，直生，不等长。菌柄呈圆柱形或棒槌状，较为粗壮，长 3 ～ 6 cm，直径 0.8 ～ 1.5 cm，白色至浅黄色，老后常出现深色斑痕，内部松软至空心，脆骨质，有的中间较粗，两边细。

有毒。

生态环境

夏秋季于针阔混交林地上单生或散生。

114. 近浅赭红菇

Russula subpallidirosea J. B. Zhang & L. H. Qiu

生物特征

子实体中等大。菌盖直径 6.2 ~ 8.0 cm，中央绿色，不黏，平展，中央凹陷，边缘浅灰色，有纵条纹，非水浸状。菌肉较厚，白色。菌褶密度中等，白色，直生，不等长。菌柄长 5.8 ~ 7.0 cm，直径 1.2 ~ 2.0 cm，白色，脆骨质，空心，圆柱形。

生态环境

夏秋季于阔叶林中地上单生或散生。

115. 亚硫磺红菇
Russula subsulphurea Murrill

生物特征

子实体小至中等大。菌盖直径 2.2 ～ 5.0 cm，中央深红色，平展且中央凹陷，不黏，边缘浅红色、有向下弯曲的条纹，非水浸状。菌肉薄，白色。菌褶稀，白色，弯生近离生，等长。菌柄长 2 ～ 6 cm，直径 0.3 ～ 1.0 cm，白色，圆柱形，肉质，实心。

生态环境

夏秋季于针阔混交林中地上单生或散生。

116. 微紫柄红菇
Russula violeipes Quel

生物特征

子实体中等大。菌盖直径 4 ～ 10 cm，半球形或扁平至平展，中部下凹，疑似有粉末，灰黄色、橄榄色或部分红色至紫红，边缘平整或开裂。菌肉薄，白色，有特殊气味。菌褶密，离生，等长，浅黄色，无伤变色。菌柄长 3 ～ 8 cm，直径 0.6 ～ 2.6 cm，圆柱形，表面似有粉末，白色或污黄且部分或为紫红色，基部往往变细。孢子近球形。

可食用。

生态环境

夏秋季于针阔混交林地上单生或散生。

117. 裂褶菌
Schizophyllum commune Fr.

生物特征

子实体小型。菌盖直径 0.6 ～ 4.2 cm，白色至灰白色，上有绒毛或粗毛，扇形或肾形，具多数裂瓣，沿边缘纵裂而反卷。菌肉薄，白色。菌褶窄，从基部辐射而出，白色或灰白色，有时淡紫色，延生，不等长。柄短，或无，长 0.2 ～ 0.4 cm，直径 0.2 ～ 0.3 cm，肉质，扁柱形，同菌盖色。

食药用。

生态环境

夏秋季于针阔混交林中的枯枝倒木上散生或群生。

118. 大孢硬皮马勃

Scleroderma bovista Fr.

生物特征

子实体小型。不规则球形至扁球形。菌盖直径 0.5 ～ 3.5 cm，菌柄高 2 ～ 4 cm，由白色根状菌索固定于地上。包被薄、浅黄色至灰褐色、有韧性、光滑或呈鳞片状。孢体暗青褐色。孢丝褐色，顶端膨大。孢子球形，暗褐色。

可药用。

生态环境

夏秋季于阔叶林中地上散生或群生，与树木形成菌根菌。

119. 微茸松塔牛肝菌
Strobilomyces subnudus J. Z. Ying

生物特征

子实体中等大。菌盖直径 4.5 ～ 8.5 cm，幼时半球形，成熟后平展，表面黑色至灰色，被有绒毛状鳞片，凹生，伤处变褐色。菌肉厚，污白色。菌管口多角形，每毫米 1 ～ 2 个，孔口 0.05 ～ 0.1 mm。菌柄长 5 ～ 8 cm，直径 0.5 ～ 2.8 cm，实心，圆柱形，被有灰褐色绒毛状鳞片。

生态环境

夏秋季于针阔混交林中地上单生或散生。

酒红球盖菇

Stropharia rugosoannulata Farl. ex Murrill

生物特征

子实体中等大至大型。菌盖直径 6 ～ 15 cm，扁半球形至扁平，或凸镜形，湿时稍黏，盖缘光滑或覆丛毛状鳞片，附着较多的菌幕残片。菌肉厚，白色。菌褶密，不等长，弯生，脆质。菌柄长 16 cm，直径 0.5 ～ 1.0 cm，幼时柄基膨大、成熟后多等粗，纤维质。成熟菌柄上部乳白色，中部、基部黄褐色。菌环上位，上面具皱褶。

食药用。

生态环境

夏秋季于针阔混交林中地上散生或群生。

121. 褐环乳牛肝菌
Suillus luteus (L.) Roussel

生物特征

子实体中等大。菌盖直径 3 ～ 12 cm，幼时扁半球形，成熟后渐平展，表面黄褐色至深肉桂色，很黏，光滑，边缘完全圆，偶有内菌幕残片挂于其上。菌肉淡黄色，厚 0.5 ～ 0.8 cm。菌管长 0.3 ～ 0.4 cm，管面及管里均为菜花黄色，管孔多角形，蜂窝状排列，与柄接近处凹陷，直生，有的菌管下延为柄上部的网纹。菌柄圆柱形，长 3 ～ 8 cm，直径 0.6 ～ 2.0 cm，表面有红褐色小腺点。菌柄上部为菜花黄色，下部为浅褐红色，实心，肉质。菌环薄，浅褐色，位于菌柄上部，膜质。

有毒。

生态环境

秋季于针阔混交林中地上散生或群生。

122. 毛栓孔菌 *Trametes hirsuta* (Wulfen) Lloyd

生物特征

子实体小型。一年生，覆瓦状叠生，革质。菌盖半圆形或扇形，外长 2 ～ 4 cm，直径 4 ～ 10 cm，中部厚 0.2 ～ 0.3 cm，表面乳色至浅棕黄色，老熟部分常带青苔的青褐色，被硬毛和细微绒毛。

木腐菌。

生态环境

夏秋季于针阔混交林中地上丛生。

123. 血红栓孔菌

Trametes sanguinea (Klotzsch) Pat.

生物特征

子实体小至中等大，木栓质。菌盖直径 3.5 ～ 8.5 cm，厚 0.2 ～ 0.4 cm，表面平滑或稍有细毛，初期血红色，后褪至苍白，往往呈现出深淡相间的环纹或环带。菌管与菌肉同色，单层，长 0.1 ～ 0.2 cm，管口细小，圆形，暗红色。无柄或近无柄。

可药用。

生态环境

夏秋季于林中枯立木上丛生或散生。

124. 漆柄小孔菌

Trametes vernicipes (Berk.) Zmitr. , Wasser & Ezhov

生物特征

子实体小型至中等大。菌盖直径 3 ～ 8 cm，厚 0.2 ～ 0.3 cm，边缘薄，扇形，黄白色、黄褐色至深栗褐色，有光泽，硬，革质，不黏，有辐射皱纹和环纹。菌管面近白色，每毫米 8 ～ 9 个孔口。菌柄长 0.2 ～ 1.0 cm，直径 0.2 ～ 0.4 cm，同菌盖色，平滑，基部着生处似吸盘状。孢子长椭圆形。

木腐菌。

生态环境

夏秋季于阔叶树枯枝上群生或散生。

125. 云芝栓孔菌
Trametes versicolor (L.) Lloyd

生物特征

子实体小型至中等大。一年生，革质至半纤维质，侧生无柄，常覆瓦状叠生。菌盖直径 1.2 ～ 6.5 cm，宽 1 ～ 4 cm，厚 0.1 ～ 0.3 cm，半圆形至贝壳形，盖面幼时白色，渐变为深色，有密生的细绒毛，长短不等，呈灰、白、褐、黑等色，并构成云纹状的同心环纹，盖缘薄而锐、波状、完整、淡色。管口面初期白色，渐变为黄褐色、赤褐色至淡灰黑色，管口圆形至多角形，后期开裂，菌管单层，白色，长 0.1 ～ 0.2 cm。菌肉白色，纤维质，干后纤维质至近革质。孢子圆筒状，稍弯曲。

可药用。

生态环境

夏秋季于阔叶林树木桩、枝上丛生或散生。

126. 油黄口蘑
Tricholoma flavovirens (Pers.) S. Lundell

生物特征

子实体小型至中等大。菌盖直径 3 ～ 8 cm，扁半球形至平展，顶部稍凸起，淡黄色，具褐色鳞片，黏，边缘平滑易开裂。菌肉较厚，白色至带淡黄色。菌褶较密，淡黄色至柠檬黄色，直生近弯生，不等长，边缘锯齿状。菌柄长 4.5 ～ 7.5 cm，直径 0.5 ～ 1.5 cm，圆柱形，淡黄色，具纤毛状小鳞片，脆骨质，内实至松软，基部稍膨大。孢子印白色。

可食用。

生态环境

夏秋季于针阔混交林地上单生、散生。

127. 赭红拟口蘑
Tricholomopsis rutilans (Schaeff.) Singer

生物特征

子实体中等大至大型。菌盖直径 4 ～ 15 cm，凸镜形至平展形，有短绒毛组成的鳞片，浅砖红色或紫红色、褐紫红色。菌肉较厚，白色带黄，有特殊气味。菌褶密，弯生近直生，淡黄色，不等长，褶缘锯齿状。菌柄圆柱形，长 4 ～ 12 cm，直径 0.5 ～ 1.5 cm，上部黄色下部暗具红褐色或紫红褐色小鳞片，内部松软后变空心，基部稍膨大。

有毒。

生态环境

夏秋季于针叶树腐木上或腐木桩上群生或成丛生长。

128. 鳞皮假脐菇
Tubaria furfuracea (Pers.) Gillet

生物特征

子实体小型。菌盖直径 1 ～ 3 cm，钟形至平展，初期边缘内卷，成熟后展开呈波浪状，新鲜时表面湿，呈黄褐色或浅黄色，密被白色细小绒毛，边缘具水浸状条纹，不黏。菌肉薄，黄色至土黄色。菌褶密，淡黄色至黄褐色，直生近离生，不等长。菌柄长 2.5 ～ 7.5 cm，直径 1.5 ～ 4.0 mm，近等粗，同菌盖色，中空，脆骨质，基部稍膨大。

生态环境

夏秋季于林中腐木、腐枝上单生或散生。

129. 薄皮干酪菌
Tyromyces chioneus (Fr.) P. Karst.

生物特征

子实体小型。一年生，肉质至革质菌盖扇形，外伸 2 ～ 4 cm，宽 3 ～ 6 cm，基部厚 0.1 ～ 0.2 cm，表面新鲜时淡灰褐色，边缘锐，白色。孔口表面奶油色至淡褐色，圆形，边缘薄，全缘。菌肉新鲜时乳白色，厚 1.0 ～ 1.5 cm。菌管密，乳黄色，管口圆形。孢子圆柱形至腊肠形。

可药用。

生态环境

夏秋季于阔叶树枯枝上散生或丛生。

子囊菌

130. 黄瘤孢菌
Hypomyces chrysospermus (Bull) Tul. & C. Tul.

生物特征

菌丝分枝，有横隔，近透明无色，匍匐着生。分生孢子梗顶生，孢梗短，多分枝。分生孢子生于孢子梗短枝的顶端，球形，金黄色，壁有瘤突，寄生于牛肝菌、伞菌及多孔菌类的子实体上。孢子密布于寄主外表，呈橘黄色。

可药用。

生态环境

在阴雨连绵的夏秋季节生长。

131. 蝉棒束孢
Isaria cicadae Miq.

生物特征

子囊盘埋生在子囊座内，孔口稍突出，呈长卵形。被寄生的虫体头长出1～2个树状子座，分枝或不分枝，长3～7 cm，宽0.3～0.4 cm，干燥后呈乳白色，顶端稍膨大，表面有粉状分生孢子粉。

可药用。

生态环境

寄生于虫蛹，并埋生于森林中的土壤下。

132. 巨孢小口盘菌
Microstoma macrosporum (Y. Otani) Y. Harada & S. Kudo

生物特征

子囊盘宽 15 mm，高 25 mm，深杯形。子实层表面干后粉白色至肉粉色。囊盘被白色毛状物。毛状物刚毛状，具分隔，顶端尖锐。菌柄长 15 mm。子囊近圆柱形。

生态环境

夏秋季生于林中的地上。

133. 小红肉杯菌
Sarcoscypha occidentalis (Schwein) Sacc.

生物特征

子囊盘小。初期至后期呈漏斗状，直径0.5～2.5 cm。子实层面橘黄至鲜红色，外侧面白色，并有极细的绒毛。菌柄白色，有时偏生，有绒毛，长0.5～1.5 cm，直径0.2～0.3 cm，实心，质硬。子囊圆柱形，向基部渐变细，孢子8个，单行排列。孢子椭圆形，无色。

生态环境

夏秋季在针阔混交林中倒腐木上单生或散生。

134. 斯氏炭角菌

Xylaria schweinitzii Berk. & M. A. Curtis

生物特征

子座有柄。椭圆形到棍棒状，长 2 ～ 5 cm，直径 0.5 ～ 0.8 cm，表面光滑，深褐色到黑色，有皱纹，内部白色。孢子椭圆形，顶端变细，深褐色。

生态环境

夏秋季于阔叶林腐木上散生或群生。

参考文献

[1] 赵长林 . 干酪菌属和拟蜡孔菌属真菌的分类与系统发育研究 [D]. 北京： 北京林业大学，2016.

[2] 邓树方 . 中国南方裸脚伞属分类暨小皮伞科真菌资源初步研究 [D]. 广州：华南农业大学，2016.

[3] 金宇昌 . 黑龙江省丰林自然保护区大型真菌多样性研究 [D]. 长春：吉林农业大学，2011.

[4] 刘旭东 . 中国野生大型真菌彩色图鉴 [M]. 北京： 中国林业出版社，2002.

[5] 卯晓岚 . 毒蘑菇识别 [M]. 北京：科学普及出版社，1987.

[6] 卯晓岚 . 中国大型真菌 [M]. 郑州：河南科学技术出版社，2000.

[7] 罗信昌，陈士瑜 . 中国菇业大典 [M]. 北京：清华大学出版社，2010.

[8] 吴兴亮 . 贵州大型真菌 [M]. 贵阳：贵州人民出版社，1989.

[9] 李玉，李泰辉，杨祝良，等 . 中国大型菌物资源图鉴 [M]. 郑州：中原农民出版社，2015.

[10] 李玉 . 菌物资源学 [M]. 北京：中国农业出版社，2013.

[11] 黄年来 . 中国大型真菌原色图鉴 [M]. 北京：中国农业出版社，1998.

[12] 王立安，通占元 . 河北省野生大型真菌图谱 [M]. 北京：科学出版社，2011.

[13] 邓叔群 . 中国的真菌 [M]. 北京：科学出版社，1963.

[14] 吴兴亮，卯晓岚，图力古尔，等 . 中国药用真菌 [M]. 北京：科学出版社，2013.

[15] 吴兴亮，邓春英，张维勇，等 . 中国梵净山大型真菌 [M]. 北京：科学出版社，2014.

[16] 戴玉成，图力古尔 . 中国东北野生食药用真菌图志 [M]. 北京：科学出版社，2007.

[17] 刘旭东 . 中国野生大型真菌彩色图鉴 [M]. 北京：中国林业出版社，2004.

[18] 陈启武，夏群香，马立安，等 . 湖北省大型真菌调查——担子菌亚门真菌名录（Ⅱ）[J]. 湖北农学院学报，2002，22（2）：153–157.

[19] 陈启武 . 湖北省大型真菌调查——子囊菌亚门真菌名录 [J]. 湖北农学院学报，

1998，18（4）：3.
[20] 陈作红，张平 . 湖南大型真菌图鉴 [M]. 长沙：湖南师范大学出版社，2019.
[21] 赵瑞琳，季必浩 . 浙江景宁大型真菌图鉴 [M]. 北京：科学出版社，2021.
[22] 吴兴亮 . 中国茂兰大型真菌 [M]. 北京：科学出版社，2017.
[23] 陈作红，杨祝良，图力古尔，等 . 毒蘑菇识别与中毒防治 [M]. 北京：科学出版社，2016.
[24] 杨祝良，舞钢，李艳春 . 中国西南地区常见食用菌和毒菌 [M]. 北京：科学出版社，2021.
[25] 潘保华 . 山西大型真菌野生资源图鉴 [M]. 北京：科学技术文献出版社，2018.
[26] 吴兴亮，谭伟福，宋斌，等 . 中国广西大型真菌 [M]. 北京：中国林业出版社，2021.
[27] 戴玉成，图力古尔 . 中国东北野生食药用真菌图志 [M]. 北京：科学出版社，2007.
[28] 戴玉成，图力古尔，崔宝凯，等 . 中国药用真菌图志 [M]. 哈尔滨：东北林业大学出版社，2013.
[29] 邓春英 . 中国南方小皮伞属分类研究 [D]. 广州：中国科学院华南植物园，2008.
[30] 田先娇 . 保山市隆阳区野生菌资源调查和利用 [J]. 德宏师范高等专科学校学报，2015（3）：125–129.
[31] 李超 . 承德及周边地区野生菌采集鉴定及生物学活性分析 [D]. 河北：河北工程大学 .2019.
[32] 张家辉，杨蕊，饶东升，等 . 重庆大巴山国家级自然保护区大型真菌区系特征研究 [J]. 西南大学学报：自然科学版，2014，36（6）：74–78.
[33] 谭河林，向小娥 . 初夏格西沟自然保护区菌类资源调查研究 I ——大型菌类的鉴定与分布 [J]. 生物磁学，2005，5（4）：20–21.
[34] 陈淑荣，栾玲玲 . 大型真菌标本的采集与保存 [J]. 克山师专学报，2003（3）：5–6.
[35] 陈光富 . 大型真菌担孢子形态观察常用方法简述 [J]. 园艺与种苗，2019，39（3）：76–78.
[36] 饶俊，李玉 . 大型真菌的野外调查方法 [J]. 生物学通报，2012，47（5）：2–6.
[37] 王锋尖 . 鄂西地区大型真菌多样性研究 [D]. 长春：吉林农业大学，2019.

[38] 易筑刚，陈春旭，陈华，等 . 贵州两种乳菇的鉴定及同源性分析 [J]. 福建农业学报，2021，36（7）：766–770.
[39] 张进武 . 黑龙江省伊春地区大型真菌资源初步研究 [D]. 长春：吉林农业大学 .2016.
[40] 廖正乾，夏永刚 . 湖南大型真菌资源调查研究 [J]. 现代农业科技，2009（03）：17–19.
[41] 申曼曼 . 湖南壶瓶山国家级自然保护区大型真菌资源调查 [D]. 长沙：湖南农业大学，2013.
[42] 张俊波 . 江西部分地区大型真菌资源调查与系统学研究 [D]. 南昌：江西农业大学，2018.
[43] 郭志坤，崔洪波 . 蛟河市主要野生食用菌资源调查 [J]. 中国林副特产，2016（3）：85–86.
[44] 赵琪，张颖，袁理春，等 . 丽江市大型真菌资源及评价 [J]. 西南农业学报，2006，19（6）：1151–1155.
[45] 王小军，武紫娟 . 凉山州林区野生菌资源保护性开发初探 [J]. 特种经济动植物，2018，21（9）：42–43.
[46] 杨艳，邵瑞飞 . 蘑菇中毒机制研究进展 [J]. 临床急诊杂志，2020，21（8）：675–678.
[47] 屈萍萍 . 天佛指山国家级自然保护区大型真菌分类研究 [D]. 长春：吉林农业大学，2011.
[48] 刘旭东 . 小兴安岭的真菌资源 [J]. 中国林副特产，1993（2）：1.
[49] 张强，江南，吴永贵 . 野生菌研究现状概述 [J]. 中国民族民间医药，2015，24（14）：149–151.
[50] 王晶 . 云南可食红菇的分类学研究 [D]. 吉林：吉林农业大学 ,2019.
[51] 余霞，杨丹玲，陈进会，龚国淑 . 真菌的分类现状及鉴定方法 [C].// 中国植物病理学会 2008 年学术年会论文集 .2008：91–95.
[52] 李博，孙丽华 . 中国大型真菌野外采集及分类研究分析方法简述 [J]. 绿色科技，2016（18）：176–181.
[53] 图力古尔，包海鹰，李玉 . 中国毒蘑菇名录 [J]. 菌物学报，2014，33（03）：517–548.
[54] 周均亮 . 中国广义多孔菌属及其近缘属真菌的分类与系统发育研究 [D]. 北京：北京林业大学，2017.
[55] 邓树方 . 中国南方裸脚伞属分类暨小皮伞科真菌资源初步研究 [D]. 广州：

华南农业大学 .2016.
[56] 宋斌，邓春英，吴兴亮，等 . 中国小皮伞属已知种类及其分布 [J]. 贵州科学，2009，27（1）：1–18.
[57] 应建浙，卯晓岚，马启明，等 . 中国药用真菌图鉴 [M]. 北京：科学出版社，1987.
[58] 刘广海 . 碧峰峡风景区大型真菌多样性研究 [D]. 四川：四川农业大学，2010.
[59] 龚斌，罗宗龙，唐松明 , 等 . 苍山国家级自然保护区鹅膏菌属真菌资源调查 [J]. 大理大学学报，2016，1（6）：75–77.
[60] 罗国涛，张文泉 . 贵州黔东南大型真菌Ⅲ [J]. 贵州科学，2019，37（5）：9–13.
[61] 罗国涛，张文泉 . 贵州黔东南大型真菌Ⅱ [J]. 贵州科学，2017，35（1）：19–23.
[62] 罗国涛 . 贵州黔东南大型真菌Ⅰ [J]. 贵州科学，2016，34（1）：5–10.
[63] 黄浩，徐江，李泰辉，等 . 湖南桃源洞国家级自然保护区食药用大型真菌初步调查 [C].// 2016 中国南华野生菌大会资料汇编 . 2016：11–11.
[64] 张明 . 华南地区牛肝菌科分子系统学及中国金牛肝菌属分类学研究 [D]. 广州：华南理工大学，2016.
[65] 马明，冯云利，汤昕明 , 等 . 鸡足山自然保护区大型真菌多样性研究 [J]. 中国食用菌，2019，38（3）：17–20.
[66] 张俊波 . 江西部分地区大型真菌资源调查与系统学研究 [D]. 南昌：江西农业大学 .
[67] 马瑜，申坚定，陈培育，等 . 南阳老界岭自然保护区野生食用菌调查简报 [J]. 食用菌，2016，38（04）：12–13.
[68] 彭卫红，甘炳成，谭伟，郭勇 . 四川省龙门山区主要大型野生经济真菌调查 [J]. 西南农业学报，2003，16（1）：36–41.
[69] 聂阳 . 泰山大型真菌物种多样性研究 [D]. 泰安：山东农业大学，2016.
[70] 冯云利，汤昕明，杨珍福，等 . 云南磨盘山国家森林公园大型真菌资源初步调查 [J]. 食用菌学报，2018，25（1）：79–87.
[71] 陈锡林，熊耀康，吕圭源，等 . 浙江菌类药资源调查及利用研究初报 [J]. 中国野生植物资源，2000（1）：24–26，29.
[72] 戴玉成 . 中国多孔菌名录 [J]. 菌物学报，2009，28（3）：315–327.
[73] 李泰辉，宋斌 . 中国牛肝菌已知种类 [J]. 贵州科学，2003，21（1）：78–

86.
[74]李泰辉,宋斌.中国食用牛肝菌的种类及其分布[J].食用菌学报,2002,9(2):22-30.
[75]陈光富.大型真菌担孢子形态观察常用方法简述[J].园艺与种苗，2019，39（3）：76-78.
[76]张晓艳，李洪山.恩施州食用菌产业发展模式及对精准扶贫的重要性分析[J].中国食用菌，2020，39（5）:181-184，187.
[77]王锋尖，周向宇，潘坤.十堰市野生食用菌资源调查[J].食用菌学报，2018，25（1）：88-92.
[78]吴芳，袁海生，周丽伟，等.中国华南地区多孔菌多样性研究(英文)[J].菌物学报，2020，39（4）：653-682.
[79]余海尤，麻兵继，张彪,等.伏牛山大型真菌资源(Ⅰ)[J].食用菌，2009，31（4）:12-13.
[80]申进文,决超,徐柯,等.伏牛山大型真菌资源(V)[J].食用菌,2011,33(1):12-13.
[81]陈振妮，陈丽新，韦仕岩，等.广西大明山自然保护区野生菌资源可持续利用研究[J].南方园艺，2014，25（4）：13-15.
[82]姜守忠，吴兴亮.中国常见真菌的识别[J].生物学通报，1987（03）：8-12.
[83]金鑫.中国广义球盖菇科几个属的分类学研究[D].吉林：吉林农业大学，2012.
[84]图力古尔.吉林省担子菌补记(一)[J].吉林农业大学学报，2000，22（2）：47-50.
[85]李海蛟，何双辉.多孔菌三个中国新记录种[J].菌物学报，2014，33（5）：967-975.
[86]耿荣，耿增超，黄建，等.秦岭辛家山林区锐齿栎外生菌根真菌多样性[J].菌物学报，2016，35（7）：833-847.
[87]戴玉成,周丽伟,杨祝良,等.中国食用菌名录[J].菌物学报,2010,29(1):1-21.
[88]J García-Jiménez, Garza-Ocanas F, Fuente J, et al. Three new records of Aureoboletus Pouzar (Boletaceae, Boletales) from Mexico[J]. Check List, 2019, 15(5):759-765.
[89]Takahashi H . Marasmius brunneospermus, a new species of Marasmius section

Globulares from central Honshu, Japan[J]. Mycoscience, 1999, 40(6):477–481.

[90]Verbeken A , Bougher N L , Halling R . Lactarius (Basidiomycota, Russulaceae) in Papua New Guinea. 3. Two new Lactarius species in subgenus Plinthogali[J]. Australian Systematic Botany, 2002,15(6):765–771.

[91]Agnon H L, Jabeen S, Naseer A, et al. Three new species of Inosperma (Agaricales, Inocybaceae) from Tropical Africa[J]. MycoKeys, 2021, 77(1):97–116.

[92]Saba M , Khan J, Sarwar S, et al. Gymnopus barbipes and G. dysodes, new records for Pakistan[J]. Mycotaxon –Ithaca Ny–, 2020, 135(1):203–212.

[93]Gelardi M, Simonini G, Ercole E, et al. Cupreoboletus (Boletaceae, Boletineae), a new monotypic genus segregated from Boletus sect. Luridi to reassign the Mediterranean species B. poikilochromus[J]. Mycologia, 2015, 107(6):1254–1269.

[94]Wang P M, Yang Z L . Two new taxa of the Auriscalpium vulgare species complex with substrate preferences[J]. Mycological Progress, 2019, 18(5):641–652.

大型高等真菌检索

1. 子实体伞形、半圆形、扇形、头状、珊瑚状、耳形、瓣片状、脑状、漏斗状、球形、笔形，具担子，担孢子外生于担子的小梗上（担子菌纲）。
    2. 子实层体为菌褶，子实层生于菌褶的两面，子实体伞状…………………（一）伞菌类
    2. 子实层体不为菌褶，子实层生于菌管或菌齿上，或生于棒状、珊瑚状、树枝状、瓣片状、耳形子实体的表面。
        3. 子实层生于菌管或菌孔内。
            4. 子实体伞形，肉质，菌管密集排列在菌盖下面，彼此不易分离……（二）牛肝菌类
            4. 子实体圆形、半圆形、扇形、匙形等，幼时有的柔软，但老时多坚韧、革质、木质或木栓质；有柄，或具分枝的柄，或无柄……………………………………（三）多孔菌类
        3. 子实层不生于菌管或菌孔内。
            4. 子实层生于菌齿（菌刺或菌针）上，子实体头状、伞状……（四）齿菌类
            4. 子实层不生于菌齿上。
                5. 子实层生于棒状、珊瑚状或树枝状子实体的表面………（五）珊瑚菌类
                5. 子实层不生于棒状、珊瑚状或树枝状的胶质子实体的表面。
                    6. 子实层生于胶质的瓣片状、耳形子实体表面。
                        7. 子实体白色、金黄、鲜红或橙色，子实体瓣片状或匙形，担子纵分隔……………………………………………………（六）银耳类
                        7. 子实体耳形，红褐色或棕褐色，干后黑褐色或黑色，担子横分隔；子实层生于子实体上表面………………………………（七）木耳类
                    6. 子实层不生于瓣片状或耳形胶质的子实体表面。
                        7. 子实层生于漏斗形或喇叭形子的实体外侧，子实层裸露，其外方无包被…………………………………………………（八）喇叭菌类
                        7. 子实层外有包被，子实体球形、梨形、陀螺形或笔形。
                            8. 子实体球形、梨形或陀螺形，成熟后子实层仍包于包被内，包被破裂后放出孢子粉末…………………（九）马勃菌类
                            8. 子实体笔形，成熟时包被破裂伸出长柄，柄上部具粘臭的孢体………………………………………………（十）鬼笔类

由于检索表存在一定局限性，部分读者掌握与应用起来可能存在难度，现参考王立安、通占元等所著《河北省野生大型真菌原色图谱》中关于类群的描述，选取一些主要的大型真菌类群特征进行介绍。

拉丁学名索引

Agaricus abruptibulbus ………… 24
Agaricus parasubrutilescens …… 25
Agrocybe cf. putaminum ………… 26
Agrocybe dura Sensu …………… 27
Amanita chiui ……………………… 28
Amanita fense ……………………… 29
Amanita longistriata …………… 30
Amanita pallidozonata ………… 31
Amanita princeps ……………… 32
Amanita sepiacea ……………… 33
Amanita virginioides …………… 34
Amanita volvata ………………… 35
Amanita zonata ………………… 36
Aureoboletus roxanae …………… 37
Auricularia nigricans …………… 38
Auriscalpium orientale ………… 39
Bjerkandera adusta ……………… 40
Boletus bicolor ………………… 41
Boletus flammans ……………… 42
Calvatia craniiformis …………… 43
Calvatia holothurioides ………… 44
Candolleomyces candolleanus … 45
Cantharellus applanatus ………… 48
Ceriporiopsis semisupina ……… 46
Chiua virens …………………… 47
Chroogomphus rutilus ………… 49
Clavulinopsis fusiformis ……… 50
Clitocybe subditopoda ………… 51
Conocybe leptospora …………… 52
Coprinopsis laanii ……………… 53
Cortinarius subrufus …………… 54
Cupreoboletus poikilochromus … 55
Cyathus renweii ………………… 56
Daedaleopsis confragosa ……… 57
Deconica merdaria ……………… 58
Entoloma gregarium …………… 59
Entoloma murrayi ……………… 60
Entoloma mycenoides …………… 61
Entoloma nipponicum …………… 62
Entoloma quadratum …………… 63
Entoloma yanacolor …………… 64
Fulvoderma scaurum …………… 65
Ganoderma lucidum …………… 66
Geastrum velutinum …………… 67
Gloeophyllum sepiarium ……… 68
Gymnopus aquosus ……………… 69
Gymnopus dryophilus ………… 70
Gymnopus dysodes ……………… 71
Gymnopus nidus-avis …………… 72
Gymnopus subnudus …………… 73
Gyrodon lividus ………………… 74
Gyroporus castaneus …………… 75
Hygrocybe rubroconica ………… 76
Hymenopellis raphanipes ……… 77

Hypholoma fasciculare ………… 78
Hypomyces chrysospermus ……… 153
Inocybe immigrans ……………… 79
Inocybe squarrosolutea ………… 80
Inocybe umbratica ……………… 81
Inonotus weigelae ……………… 82
Inosperma bongardii …………… 83
Isaria cicadae …………………… 154
Lacrymaria lacrymabunda ……… 84
Lactarius asiae-orientalis ……… 85
Lactarius oomsisiensis ………… 86
Lactarius parallelus …………… 87
Lactarius subatlanticus ………… 88
Lactarius vividus ……………… 89
Lactfiluus volemus ……………… 90
Lactifluus glaucescens ………… 91
Lactifluus luteolamellatus ……… 92
Lactifluus pilosus ……………… 93
Lentinula edodes ……………… 94
Lepiota fuliginescens …………… 95
Lycoperdon perlatum …………… 96
Marasmius macrocystidiosus …… 97
Microporus affinis ……………… 98
Microstoma macrosporum ……… 155
Mutinus bambusinus sensu Cooke 99
haematopus (Pers.) P. Kumm. …… 100
Mycena metata sensu Rea ……… 101
Nidularia deformis ……………… 102
Phaeolepiota aurea …………… 103
Phallus flavocostatus ………… 104
Pholiota multicingulata ………… 105
Phylloporus maculatus ………… 106
Phylloporus yunnanensis ……… 107
Picipes badius ………………… 108
Pleurotus pulmonarius ………… 109
Pluteus pouzarianus …………… 110
Pluteus varius ………………… 111
Podoscypha fulvonitens ………… 112
Polyporus mangshanensis ……… 113
Postia hirsuta ………………… 114
Protubera sabulonensis ………… 115
Psathyrella abieticola ………… 116
Psathyrella subnuda …………… 117
Ramaria gracilis ……………… 118
Rhodocollybia butyracea ……… 119
Russula aurantioflava ………… 120
Russula burlinghamiae ………… 121
Russula cerea ………………… 122
Russula chiui ………………… 123
Russula compacta …………… 124
Russula cremicolor …………… 125
Russula cyanoxantha ………… 126
Russula densifolia …………… 127
Russula emetica ……………… 128
Russula lakhanpalii …………… 129
Russula laurocerasi …………… 130
Russula nigricans …………… 131
Russula punctipes …………… 132
Russula romellii ……………… 133
Russula rosea ………………… 134
Russula rubroalba …………… 135
Russula subfoetens …………… 136
Russula subpallidirosea ……… 137
Russula subsulphurea ………… 138
Russula violeipes …………… 139
Sarcoscypha occidentalis ……… 156

中文名索引

暗盖淡鳞鹅膏…………………… 33
斑柄红菇…………………………132
斑盖褶孔牛肝菌…………………106
苞脚鹅膏…………………………35
薄皮干酪菌………………………152
波扎里光柄菇……………………110
伯氏红菇…………………………121
蝉棒束孢…………………………154
橙黄红菇…………………………120
赤黄红菇…………………………124
赤芝………………………………66
臭味裸柄伞………………………71
粗糙拟迷孔菌……………………57
簇生垂幕菇………………………78
大孢硬皮马勃……………………141
大囊小皮…………………………97
淡环鹅膏…………………………31
东方耳匙菌………………………39
东亚乳菇…………………………85
毒红菇……………………………128
多变光柄菇………………………111
多环鳞伞…………………………105
多色杯伞…………………………51
多汁乳菇…………………………90
多汁乳菇属中的一种……………92
鹅膏属中的一种…………………28
二孢拟奥德蘑……………………77
反卷拟蜡孔菌……………………46
方形粉褶蕈………………………63
肺形侧耳…………………………109
粉绿多汁乳菇……………………91
粉色鹅膏…………………………29
粉褶菌属中的一种………………59
粉褶蕈属中的一种………………64
粪生黄囊菇………………………58
高大鹅膏…………………………32
褐环乳牛肝菌……………………144
褐黄小脆柄菇……………………117
褐圆孔牛肝菌……………………75
黑皮环柄菇………………………95
红白红菇…………………………135
红色红菇…………………………134
花盖红菇…………………………126
环纹鹅膏…………………………36
黄盖小脆柄菇……………………45
黄褐黑斑根孔菌…………………108
黄瘤孢菌…………………………153
黄脉鬼笔…………………………104
鸡油菌属中的一种………………48
假紫红蘑菇………………………25
金盖鳞伞…………………………103
金黄裸柄伞………………………69
锦带花纤孔菌……………………82
近大西洋乳菇……………………88
近裸脚伞…………………………73
近浅赭红菇………………………137

近缘小孔菌…………………………98
酒红球盖菇…………………………145
巨孢小口盘菌………………………155
拉汗帕利红菇………………………129
蜡质红菇……………………………122
兰氏拟鬼伞…………………………53
泪褶毡毛脆柄菇……………………84
栎裸角菇……………………………70
粒表金牛肝菌………………………37
亮褐柄杯菌…………………………112
裂褶菌………………………………140
鳞皮假脐菇…………………………151
罗梅尔红菇…………………………133
绿盖裘氏牛肝菌……………………47
莽山多孔菌…………………………113
毛黑木耳……………………………38
毛栓孔菌……………………………145
密褶红菇……………………………127
默里粉褶蕈…………………………60
奶油色红菇…………………………125
拟臭黄菇……………………………130
鸟巢裸柄伞…………………………72
欧姆斯乳菇…………………………86
漆柄小孔菌…………………………147
歧盖伞属中的一种…………………83
铅色短孢牛肝菌……………………74
翘鳞蛋黄丝盖伞……………………80
球基蘑菇……………………………24
裘氏红姑……………………………123
任氏黑蛋巢菌………………………56
日本粉褶蕈…………………………62
绒毛波斯特孔菌……………………114
绒皮地星……………………………67
乳酪状红金钱菌……………………119
乳菇属中的一种……………………87
锐棘秃马勃…………………………44
塞布尔原块菌………………………115
深褐褶菌……………………………68
湿伞属中的一种……………………76
实心鸟巢菌…………………………102
双色牛肝菌…………………………41
斯氏炭角菌…………………………157
丝盖伞属中的一种…………………79
丝膜菌属中的一种…………………54
梭形拟锁瑚菌………………………50
田头菇属中的一种…………………26
铜色牛肝菌…………………………55
头状秃马勃…………………………43
网纹马勃……………………………96
微茸松塔牛肝菌……………………142
微紫柄红菇…………………………139
稀褶黑菇……………………………131
细顶枝瑚菌…………………………118
鲜艳乳菇……………………………89
香菇…………………………………94
小脆柄菇属中的一种………………116
小菇状粉褶蕈………………………61
小红肉杯菌…………………………156
血红铆钉菇…………………………49
血红绒牛肝菌………………………42
血红栓孔菌…………………………146
血红小菇……………………………100
亚臭红菇……………………………136
亚硫磺红菇…………………………138
烟管菌………………………………40
叶生小菇……………………………101

荫生丝盖伞…………………………81
硬田头菇…………………………27
油黄口蘑…………………………149
云南褶孔牛肝菌…………………107
云芝栓孔菌………………………148
长绒多汁乳菇……………………93
长条棱鹅膏………………………30
赭红拟口蘑………………………150
肿黄皮菌…………………………65
竹林蛇头菌………………………99
锥鳞白鹅膏………………………34
锥盖伞属中的一种………………52